统计中 淋

[英]迈克尔·布拉斯兰，[英]安德鲁·迪诺　著

郭婷玮　译

上海科技教育出版社

图书在版编目(CIP)数据

统计中的数字陷阱/(英)迈克尔·布拉斯兰(Michael Blastland),(英)安德鲁·迪诺(Andrew Dilnot)著;郭婷玮译. —上海:上海科技教育出版社,2023.2(2024.5 重印)

(数学桥丛书)

书名原文:The Tiger That Isn't

ISBN 978 - 7 - 5428 - 7861 - 8

Ⅰ.①统…　Ⅱ.①迈…　②安…　③郭…　Ⅲ.①数理统计—普及读物　Ⅳ.①O212 - 49

中国版本图书馆 CIP 数据核字(2022)第 207963 号

责任编辑　卢　源　刘丽曼
封面设计　杨　静

数学桥 丛书

统计中的数字陷阱

[英]迈克尔·布拉斯兰　[英]安德鲁·迪诺　著

郭婷玮　译

出版发行　**上海科技教育出版社有限公司**
　　　　　(上海市闵行区号景路 159 弄 A 座 8 楼　邮政编码 201101)
网　　址　www.ewen.cc　www.sste.com
经　　销　各地新华书店
印　　刷　上海颛辉印刷厂有限公司
开　　本　720×1000　1/16
印　　张　13
版　　次　2023 年 2 月第 1 版
印　　次　2024 年 5 月第 2 次印刷
书　　号　ISBN 978 - 7 - 5428 - 7861 - 8/N·1173
图　　字　09 - 2010 - 007 号
定　　价　50.00 元

前言

新闻、政治及日常生活中，到处都有数字。不论好坏，它们俨然已成为现在最高级的语言，会这种语言的人，可称霸为王。数字有让人一看就懂的特性，往往比长篇大论的文字更吸引民众的注意力。

但它们也往往因为同样的理由让人痛恨。它们可以被操纵来欺骗社会大众，而不是让社会大众明了事实的真相；它们也可以被用来恐吓平民百姓，而不是让这些百姓了解事情发展的趋势。总而言之，它们经常被滥用或扭曲。

数字的角色极端模糊，既有信服力，又有欺骗力，到底我们要如何看透数字？

首先，你得放轻松……

我们所知道的，远比我们自己认为的还要多。信不信由你，我们长年的经验，其实早就让我们具备看透数字的能力。而这就是本书的理念：我们不用读者不熟悉的观点来震慑读者，反而是要让大家看清楚自己已经知道多少，并善用这些知识来发掘数字背后的真相。

数字可以让世界显得有意义，否则这个世界将会过于庞大、过于精细复杂，难以取得适当的平衡。尽管数字有其限制，但是对于某些任务而言，如果运用得当，数字有时反而是最有力的工具。

本书不打算以反复赘述的谎言来欺骗读者，如果两位作者——一位是记者，另一位是经济学家——真的把数字及统计数据视为谎言，就绝对不会这么经常使用数字，而这点对其他人来说也是一样。我们的目的，只是想让数字回归真实。

为了达到这个目的，我们要揭开统计这行的伎俩，如重复计算、骗人的图表、暗藏玄机的起始日期，以及吊诡的尺度等，它们以往都曾出过差错，现在却成为本书举例说明的宝贝。

无论统计运用的技巧有多么高超，我们也不依赖这些艰涩的技巧，来说明本书各章节想要表达的重点。我们会尽量以生活中的各项统计数字为例，说明应该如何厘清迷雾、看穿真相。掌握数字的能力，几乎人人都有，而这种能力的高低，能够影响我们如何看待生活中各项以数字佐证的大小议题，同时也是影响数字受人喜爱或憎恨的主要原因。我们相信，就算一向自认为是数学白痴的人，也可以拥有这种能力。

虽然简单，却不代表无聊、琐碎。本书能够让你了解下列这些问题：有多少人赚钱，多少人欠钱？多少人是有钱人，多少人是穷光蛋？政府今年的支出，是否把钱花在刀刃上？施政目标又让几家欢乐几家愁？排行榜上的名次是否反映出真实的情况？测速照相机到底救了多少条人命？在每四个英国青少年当中，是不是就真的有一个人犯罪？多喝一瓶含酒精饮料的女性，患乳腺癌的风险是不是真的比同龄女性高出 6%？

数字，懂它还是怕它

通货膨胀数字、伊拉克战争死亡人数、感染艾滋病的人数、北海鱼量、英国刺猬数量、判断患癌症的准确率、英国能够领到退休金的人数、国民医疗保健的赤字、让孕妇空焦急的不准确预产期、第三世界的外债、全球变暖的各项数字等，究竟是怎么一回事？现在，几乎没有一个议题不会谈到与尺寸、数量、预估值、排名、统计数、达标率等有关的数字。数字无所不在，而且常常引起争议，如果我们对其中任何一个数字稍微有点兴趣的话，就应该试着把它们拆开来看看。

但是这种做法，有可能会遭受许多人的反对。这些人发现，完全不相信数字并采取轻蔑的态度，远比努力了解这些数字要来得简单。当一位知名的撰稿人告诉我们，他已经掌握了足够的数字，不再需要其他数字时，我们只能说，他其实根本不了解数字，也不认为自己应该要了解。在我们看来，他的抗拒只是为了掩饰恐惧。为了保护自己的偏见以及自己手上持有的少许不真实数字，他对证据一律嗤之以鼻，以免造成日后的不便。这种态度，充斥在不当政策、官僚政治，以及各种花言巧语中，这些人靠蒙骗度日，却要全民来买单，最后不但让大家错失良机，也把所有人的生活搞得紧张兮兮。

还有另一种态度更具杀伤力。这些人认为，如果数字无法呈现完整的事实，就只是个人的意见。这种看法无疑是以不合理的期望宣判数字的死刑。在这个不确定的世界，有一点我们能够百分之百确定，那就是在这本书中，一定会有一些错误的数字。这些要求万事百分之百准确的人，大概忘了真实世界是怎么一回事。每个人都在数字的世界中颠簸前进，没有任何数字能够代表绝对的真实，生活不是这样，数字也不可能是这样。

此外，还有人认为，统计人员都是差不多先生，他们觉得以自己的精明所了解的要比这些差不多先生深入许多。我们得说，有时的确如此，但大部分时候都恰好相反。大多数的统计人员，比谁都清楚用资料掌握生活的极限，毕竟他们成天都想这么做。统计学，并非只是一门搜集资料的科学，而是一门让这些数据产生意义的科学。没有一门科学的必要性高过统计学，从事这一行的，往往都是心灵手巧的侦探型人物。反观其他人，只会仓促、自大地紧抓数字，误以为自己已经掌握全世界。

我们应该极力避免轻蔑、恐惧的态度，也不可以盲目崇拜数字，而是要把力气用在我们能够掌控的事情上，而这些事情真的还不少。

用常识就能看透数字

这本书所强调的原则，几乎每个人在生活中都使用过，也谙熟其中道理。比如，每个人都知道，把波浪误认为潮汐是一个完全没有常识的人会做的蠢事；你可能不相信，只要拥有这种程度的知识，就能够分辨测速照相机是否真的能够挽救所有人的性命。在日常生活中，我们能够看见（我们当然看得见）米粒散落的方式，只要我们能够看见这件事，就能理解癌症群数据背后的含义。

我们知道七色彩虹的魅力，也知道如果这些光线只能在天空形成一条白色圆弧，人类将会失去多么美丽的礼物。如果懂得这一点，稍后你将知道，所谓的平均值，究竟隐藏了什么，又说明了什么。很多人从日常生活经验得知照顾幼儿的成本，他们依靠这些经验，就能够判断政府在这方面的支出是否恰当。我们每个人都能判断一个政策是否理想，我们拥有的知识都能让我们看透数字。本书的目的，就是要帮大家运用自己的知识，来破解看似深奥的数字，让大家用日常生活的经验，来了解那些数字的含义。换言之，如果这本书确实达到我们当初设定的目标，那些以往在你眼里如无字天书般难解或吓人的数字，将会变成通俗的白话文。

在别的教科书中，你看不到本书的内容。书中各章节的选择及编排，即使是以专家的眼光来看，也都非常奇特，更遑论内文的呈现方式，而我们对这点感到很满意。这是一本从大量使用数字者的角度来解读数字的书，短小精悍、简单扼要，每章都引用日常生活中常见的数据来开头，有可能是一篇报道或一个社会现象。请各位在阅读本书时，能不带成见地记住书中提出的要点，看我们如何在各章节的小故事中运用它们。希望各位在看完这本书之后，能够发掘数字背后的真相，并因此充满自信。

滥权欺民的例子，并不止发生在数字上，只不过它们能够被公然挑战，让原本状似软弱的一方，变得强而有力。接下来，就让我们来告诉各位该如何透视数字。

目　录

第 1 章　数目有多大?
把它个人化

把数字简化之后，你就能看出它们背后的含义；说明数字的含义，你就能拥有高人一等的权威。让我们从一个最简单的问题开始，用孩子般天真的语气质疑人人坚信的教条：

"这个数字大不大？"

别被这个貌似愚蠢的问题吓到，会这么问不是想开玩笑。虽然这个问题看起来微不足道，却问出众人在计算、使用数字时，最容易忽略的关键。数字后面拖着一大串零，往往会令人觉得好不伟大，它们不是用来吸引众人的注意，就是想要提出警告，但就数字本身而言，完全没有任何意义。

政治人物最怕提到有关大小的问题，因为他们不能说的秘密，就是通常他们都不知道。对于所有想要看懂数字的人，首先得学会的技巧就是看懂比例式，不过这项技巧却常常被大家忽略。

还好，我们生来就拥有最完美的比例单位，那就是我们自己。

2005 年 11 月,《每日电讯报》(the Daily Telegraph)头版刊登了一则消息,内容是政府计划将退休年龄由 65 岁提高至 67 岁。报上说,如果法案通过,每五个原本可以活着领到退休金的人当中,会有一个来不及领到半毛钱就上了天堂。这短短的两年,让成千上百万的英国民众魂断退休金门前。

每五人当中有一人,这个数字大不大?

1997 年,工党政府曾表示要在 5 年内额外花费 3 亿英镑,新增 100 万间托儿所。3 亿英镑,这个数字大不大?

2006 年,英国国民保健体系(National Health Service,简称 NHS)的预算,产生了将近 10 亿英镑的赤字。10 亿英镑,这个数字大不大?

第一个问题的答案是"大"。每五个年满 65 岁的人当中,就会有一个在两年内过世,这个比例大到让每个年满 65 岁的人夜夜辗转难眠、惶恐不安。这个数字大到吓人,想必一定有人问过《每日电讯报》:这是真的吗? 有可能,不过这要等黑死病又从中古世纪流行回来再说。其实不用太多思考,就能发现这篇报道的荒谬。尽管如此,这些聪明的记者却连想都不想。

根据英国国家统计局的资料,65 岁的老人中,大约会有 4% 的人在两年内死亡,而不是 20%。的确有 20% 的人在 67 岁前死亡,但这些人并不是全死于 65 到 67 岁之间。误解这一数字(像那位记者一样),还算情有可原,但完全不去想这个数字到底合不合理,就不能原谅。

第二个问题,让我们来看工党斥资 3 亿英镑新增托儿所。这个数字,没有一个跟这个公共议题有关的人、新闻媒体或政府官员,怀疑过它的大。这项政策的反对人士只提出一个疑问:把这么多公款砸在这种小地方上,值得吗?

用 3 亿英镑来新增 100 万间托儿所,这个数字大不大? 我们来算一下就知道。用 3 亿除以 100 万,每间托儿所只分到 300 英镑,再除以 5(别忘了,这笔钱要分 5 年支出),等于每间托儿所每年所得到的经费只有 60 英镑。把这个金额再用日期平均分配一下,每年有 52 周,算起来,每周大约分得 1.15 英镑。请问你在英国上哪里去找每周 1.15 英镑的托儿所？去极端不发达国家的部分农村地区找，或许还比较有可能。

但英国政坛和媒体，都曾热烈讨论过这项政策。难道这些热心参与公众事务讨论的人，真的不知道什么才是"大"？显然他们不知道，而且好像也不在乎。我们问过英国一家新闻巨头的主管，为什么记者看不出这些数字中的荒谬。虽然主管同意应该有人看出这些荒谬，却不确定这是不是他们的工作。对所有人来说，要赢过这些人简直易如反掌。下次如果再有人提出数据，请不要认为他们已经自问过这个最简单的问题。话说回来，这么简单的问题，有可能是数字及政策的关键吗？往往正是。

第三个问题，我们来了解一下 NHS 10 亿英镑的保健费用赤字。这个现象被公然讨伐是危机和管理不当的象征，更被说成是公家机关滥用纳税人血汗钱的典型。这个数字，到底大不大？

在我们编写这本书时，赤字的预估数据已经下降到 8 亿英镑，大约等于全国保健费用预算的 1%。如果这样就让 NHS 变成一个差劲的机构，其他政府单位的表现又是怎样？财政部每年预估的赤字预算，大约占政府总支出的 2%；换句话说，NHS 即使是在最入不敷出的时期，表现仍然比政府总体预算目标好两倍。民间很少有大企业敢夸口说，自己能把财务目标的误差率控制在 1% 以内，因为这么小的误差对管理者来说，根本就像在变魔术。他们大概也会嘲笑为了弥补这一丁点儿零头而盘算的大规模补救行动，因为想要再缩小这个比例，大概就只能依靠运气或神力。

以 2007 年的数据来看，保健费用的平均支出，大约每人每年 1600 英镑，而这个数值的 1% 是 16 英镑，比上诊所看一次病的费用（约 18 英镑）还少。2006 年，NHS 的确管理不善，在赤字总额中，各家医疗机构的差异极大，但就 NHS 整个庞大的组织来看，这个赤字比例是否称得上是危机，能毁掉整个 NHS？

每当遇到有记者或政治人物忽然认真、热心起来，拿着数字当依据，滔滔不绝地讲着成千上百万，甚至几十亿的支出、花费、删减、损失、增加、下跌、影响、改善、追加、省下等字眼时，我们都需要问这个最简单的问题："这个数字大不大？"

最重要的问题
最简单

　　有幅嘲讽苏联的有名漫画,描绘党中央正在进行规划与设定目标,旁白说明他们在庆祝一年来苏维埃经济体劳工英雄们所生产的铁钉数量创下新纪录,漫画中的图片显示了一整年的辉煌产量——一枚特大号的钉子;很大,但是大有什么用? 太过专注于数字的"大",往往只会造成混淆视听的效果,除非这刚好是使用这些数字的人想要达到的目的,但实际上又往往不是,反而变成大家一再落入的陷阱。所以,在看到数字时,最重要、简单,却也最少人问起的问题,就是"这个数字大不大?"

　　在本章中你会发现,6 有可能很大,而 10 000 亿反而会一点儿也不大。我们不用高深的学问来说明这其中的道理,只需要应用日常生活的经验,每个人都能够理解。每当数字的大小超过日常应用的熟悉范围,我们就经常会忘记以人类尺度①来看待这些天文数字。然而,人类尺度是让数字变得有意义的最佳工具,也是我们每个人生下来都具备的尺度,运用起来一点也不困难。

　　比如,我们曾经出过一道题目,要求民众回答政府 2005 年花了多少钱在整个英国的保健体系上。我们提供的选项,从 700 万英镑到 70 000 亿英镑都有,

①　人类尺度(human scale),以人类的寿命、平均身高、体重、可承受的压力和热度等,来与宇宙其他事物及现象做比较。——译注

民众的答案也一样。错误的回答说明,民众将正确数字至少低估或高估了 10 倍甚至 10 000 倍。当我们发现有这么多人答错时,实在是非常沮丧。这题的正确答案是,当时的数字大约是 700 亿英镑(£70 000 000 000)。

只要数字到了千万以上,对某些人来说,就变成听不懂的天文数字。你可以发现,只要遇到比普通年薪或一般贷款金额大的数字,很多人的脑袋立刻打结。以上述这个问题来说,700 万英镑的保健总预算,大约只等于伦敦高级地段一栋大房子的价格(因此不太可能盖出一栋新医院),或相当于每人一年 12 便士①的医疗支出。一年 12 便士,能够获得什么医疗服务?

而 70 000 亿英镑的保健总预算,比英国整体经济产值多了 6 倍以上,等于 NHS 每年大约要花 12 万英镑在每个人身上。当我们告诉民众,每年 700 万英镑的医疗支出每个人大约分到 12 便士时,有些人会改变选项,把金额"大幅增加"至 7000 万英镑。而这大概等于每个人分到 1.2 英镑,这个金额可以上诊所看几次病?做几次心脏移植手术?这些民众忘记了自身的尺度。先不提经济学,我们只需要好好利用我们既有的尺度,就能让这些天文数字变得有意义。

无论是 700 亿,还是 70 000 亿,如果说这些数字听起来都一样,在晚间新闻里总是让人看得一头雾水,大概是因为它们没被拆解,以人类尺度来看。只要记得一个小诀窍:把这些数字想成秒,100 万秒约等于 12 天,10 亿秒则差不多是 32 年之久。运用这种逻辑,以人类尺度来看这些数字,它们就会变得比较和蔼可亲。

如果说 3 亿很小,1/5 却很大,我们怎么知道什么是大、什么是小?(虽然这两个一个是数字,另一个是比例,但都用来衡量数量。)首先,记住一点,那就是数字后面一大串的零,一点意义都没有。这对许多人来说十分难以接受,即使是那些因为个人特殊因素而选择刻意忽略这些零的人。想要不被花费高达亿、万

---

① 1 英镑等于 100 便士。——译注

亿的公共议题吓到,先决条件就是你得学会将这些零视若无物。

在政治和经济议题上,几乎所有数字的后面都会拖着一大串的零。理由很简单,因为在一个国家的经济体系里,有着众多的人口和大量的金钱。以英国为例,每年的产值可以超过 10 000 亿英镑(1 000 000 000 000),人口有 6000 万(60 000 000),整个版图充满着为数可观的零。想要知道一个数字究竟是大是小,应该秉持的基本立场就是,在进一步了解这个数字之前,即使它后面挂了 12 个零,也不对它做任何定义。

好 "小" 的 1000 万英镑

举个例子,2007 年 1 月,英国政府大肆宣布将增拨 1000 万英镑的预算,以振兴小学的歌唱与音乐教育。1000 万英镑,看起来好像很大,但这个数字应该附加下列说明:全英大约有 1000 万名学童,几乎有一半的学童都在念小学,将 1000 万英镑平均分配给 500 万个小学生之后,这笔预算到底可以振兴出什么结果?

这就是破解天文数字的方法,我们在前面已经稍微提到:让数字变得有意义的最佳工具,就是以人类尺度来看。将这些挂了一大串零的数字平均分摊,把它个人化,你就能看出它的真正含义。丢开脑中的刻板印象,不要再认为很多零就等于大,强迫自己做一些小小的运算,用数字除以相关人数,你会发现,这些看来有如天文尺度般庞大的数字,霎时就变得微不足道。总之,在判断一个数字是大是小时,应该把它平均分摊到每个人,让每个人都可以问:"如果只看我的这一份,数字还是很大吗?"

把数字个人化,能够帮我们判断它的大小。试问,你找得到一周费用只有 1.15 英镑的托儿所吗?这个问题很简单,你马上就能回答。5 年内花费 3 亿英镑新增 100 万间托儿所,这笔钱够不够?这个问题看起来就比较难,但实际上,它和前一个问题是相同的。化繁为简,一点都不难。只要你有信心,并发挥一点想象力,就做得到。

也许只要听到全国性的数字,有些人就失去判断大小的能力:我不过是个努力挣得几万块薪水的人,那个却是 3 亿的数字。但那个数字不全都是你的,把它个人化,你得将它平均分摊,不是将它拿来和自己在银行的账户余额相比。这种错误,就好像看到老师带了一大袋糖果进教室,却没想到一人只有一颗一样。被夸大不实的数字欺骗,是屡见不鲜的错误。不管饼有多大,如果每个人只能分到一粒碎屑的话,再大的饼都还是太小。

另外,有一个方便的数字,可以让英国人在做各种相关运算时可以使用:31.2 亿(3 120 000 000)。这个数字是英国总人口 6000 万乘以一年 52 周的结果,相当于英国政府每年每周给每人 1 英镑的支出。把任何一项公共支出除以31.2 亿,就能看出这项支出平均分配之后,每个英国人每周可以得到多少金额。如果你把最近一项公共支出除以上述数字,看每个人每周可以分到多少钱,你也许会被政府的寒酸吓得说不出话来。用这种方法来评估所有的预算,是当权者至少要做到的底线。

本书的部分主张,是要让数字变得有意义,显现它最真实、有趣的一面。当然,不是所有事例都一成不变,也不是所有数字都要平均分摊才能看出它的意义。比如,有些数字就只用在特定群体身上,但这仍然不失为一个看待数字的好方法。

我们并不是鼓励大家锱铢必较,只是希望大家看事情能够不要只看表面,而是深入了解一点。此外,搞不清楚数字的人并不代表不诚实,数字的确会因为人为呈现的方式而变大,但有时提供数据的人也会因为自己头脑不清楚或是想要急切拿它们当证据而忽略检验它们的真实度。也许,《每日电讯报》那个担心 65岁以上老人领不到退休金的记者,只是因为相信布莱尔政府会狠心剥削那些已经辛苦了大半辈子的长者,所以暂时失去了基本的运算能力。

这种一碰到大数字就脑袋昏乱的情况,正是这些卖弄数字的人比他们的观众还要看不清楚数字的原因。也是因为如此,即使是一加一这么简单的问题,他们还是会搞错。大小的确很重要,大家要多关注数字,虽然听起来或许有点奇怪,不过这是一个长期被忽略的问题。与其一看到庞大的数字就俯首称臣,不如让我们坚持用每个人与生俱来的尺度来衡量事物。

如果牵涉到恐惧,数字的大小似乎就变得一点也不重要,在那个时候,只要有"危险"的成分存在,哪怕是百万分之一都嫌太多。想要了解你到底有多少可能会因为那些以百万分之一为单位来计算浓度的毒物而致命,你可以想想"往下跳"这件事。如果今天,你从楼梯最低一阶往下跳,应该会毫发无伤;但要是你从屋顶往下跳,下面又没有软垫保护的话,你不是跌断腿就是……细节我们就不必多说了。很明显,往下跳的后果是不一定的,要看站的地方有多高。我们希望本书的读者,在被要求往下跳时都能够记得问:"到底有多高啊?"

危险程度的高低决定受伤程度的大小,这种基本概念我们每个人每天都会不自觉地大量使用,但毒物的议题除外。社会大众对食物与环境健康的恐惧,已经形成一种带有被迫害妄想的现象。媒体不但经常报道,而且在报道中完全看不出有任何大小比例的概念,一律搭配"研究显示,可能会致命"的耸人听闻的标题。

我们来举一个实例,看看上述这个基本概念能让我们把事情看得多么清楚。2005年,有人说高温烹调过的马铃薯,含有一种称为丙烯酰胺(acrylamide)的有毒物质,这种物质在工业上被广泛使用;在油炸、烘烤食物时,这种物质会因为糖类和氨基酸结合而产生。有研究人员指出,一定剂量的丙烯酰胺会致癌,而且对脑部及神经系统都有影响。

平均而言,人们每千克的体重每天所摄取的丙烯酰胺不到百万分之一克。这个量与研究人员用老鼠实验所发现的会稍微提高患癌症比例的剂量相比,仅是它的千分之一。当然,有些人摄取的量可能会多一点,但在流行病学研究中,这些人患癌症的比例并不比其他人来得高。

两茶匙盐
也 会 致 死

　　烹饪马铃薯通常会加盐，尤其是炸薯条或炸薯片时加得较多。盐是人类生存的必要元素，同时也是毒物，不到一个盐罐的量就可以杀死小婴儿。盐的致死量，大约是每千克体重摄取 3750 毫克，这个量可以杀死一半的实验老鼠，也称为半数致死量（LD_{50}）。对一个体重 3 千克的婴儿来说，大约 11 克的盐就可以夺走他纯真可爱的生命，这个量大概比两茶匙多一点。

　　有人报道过撒在炸薯条上的两茶匙盐有致死之虞吗？报纸杂志提到的，都是以健康为由要我们不要吃太咸，但从来也没有告诉我们到底吃多少会致命。"大家小心！"这种警告听起来真没有说服力。

　　所以，为什么要对丙烯酰胺的含量这么斤斤计较？有可能是因为这个议题关系到重要的人命，也可能是因为以前没有人听过这种东西，所以让人更加恐慌。如果记者当初运用上述基本概念来思考其中的数字，就不会对这个物质感到那么恐惧。上述那个稍微提高老鼠患癌症比例的剂量，大约要连续好几年，每天吃 30 千克高温烹调过的马铃薯（约一个成人体重的 1/3 至 1/2）才能达到。

比例很重要

当头条新闻宣告某种物质有毒时,聪明的读者会知道,大多数物质在某一剂量下都是有毒的,所以他们会问:"比例大约多少?"水是人类生存不可缺少的要素,但是喝太多水会导致低血钠症①,也就是所谓的"水中毒"。常吃迷幻药的人,大概会比较了解这种情况。有个名叫贝茨(Leah Betts)的女学生,在吃了一片迷幻药之后,在90分钟内狂喝将近7升的水,结果不幸死亡。

这就是为什么所有毒物学家会在第一本教科书中学到相同的箴言:剂量决定毒性。但这并不是说,所有强调某种物质可能会致命的报道都是一派胡言、不值得采信。我们是要鼓励大家尽量以人类尺度来发掘事情的真相。每当你看到一个数字时,请在心中自问这个最棒的问题:这个数字,到底有多大?

不过,凡事皆有例外。对花生过敏的人,可能只吃一丁点儿花生就会死亡。所以要花生过敏者注意剂量,完全是一件无益的事。尽管如此,大家要记住一件事,那就是"有毒"不等于"恐慌",虽然大家常常把它们画上等号。

看到这里,你可能已经相信我们那个天真的问题的确有其长处,而且一长串的零没有任何意义。所以让我们拿一个壮观的数字来测验一下。1 000 000 000 000

---

① 当血清中的钠离子浓度低于130微摩尔/千克,即为低血钠症。血钠过低会影响脑部的渗透压,导致水分急促涌进脑部,造成神志不清、昏迷等状况,严重者会因为脑干被破坏而死亡。——译注

英镑——依照国际惯例,这个拖着一大串零的数字,叫作 10 000 亿英镑。你能够想象,它居然是英国人民所积欠的债务总额吗？先别被这么多个零吓到,应该要问:"这个数字大不大？"

大多数的报纸认为它很大,当英国在 2006 年达到这个数字时,它跃上了许多报纸的头版。但实际的答案是,大不大还有争辩的余地。这个数字虽然是史无前例的高点,但我们也可以充满自信地说,未来它还会一次又一次地被超越,因为在持续成长的经济体系中,负债不断地破纪录是不可避免的。新闻报道希望引起大众的惊讶,但通货膨胀与经济成长并进,因此英镑总额每年会增加 5% 左右。也就是说,每 15 年,英镑总额就会加倍。当所有事物的金额都在增加时,负债的增加还会让你吓一跳吗？

先不管这个数字带来的震撼,试着把它套进我们天真的问题,看看要如何分摊。如大家预料的,这个数字分不平均。有十几张信用卡的购物狂,他们的负债仅占了 10 000 亿当中的一小部分;而有钱人的负债占了最大的比例,他们总是背负着房贷,而那些房子的价值与日俱增,他们持续增加的资产可以用来支付必须偿还的债务。

负债 10 000 亿
英镑的秘密

要了解负债为何如此分配的原因,先想一下你 16 岁时最多能够借多少钱,再想一下你 42 岁时最多能够借多少钱就知道了。这个金额的上升,代表着中年的放荡吗?或者,高额负债只是反映出,因为偿债能力增加了,所以借款能力也增加?只要运用个人的经验,就能够看懂这个全国的现象。负债对于无法偿还债务的人来说是个腐蚀性的问题,虽然实际上有很多人处于这种状况,但这与10 000 亿英镑无关。这 10 000 亿英镑的负债,代表的并非贫穷而是富有。

你也可以换个方式思考,负债只有在无法偿还时才叫过高,但有多少新闻报道英国负债的同时,也报道英国的财富?很奇怪,虽然它可能是每个人最关心的话题,却很少被提及。所以,你应该相信你所知道的事实,把数字个人化,然后运用到全国的数据上。结果显示(参见图 1.1),最近几年来,英国的家庭财富正在稳定且持续地增加。

1987 年,英国家庭财富总额约为全年国民总收入的 4 倍多;到了 2005 年,英国家庭财富则是全年国民总收入的 6 倍。这 20 年来,英国人民不但没有变穷,反而富有得吓人。这些财富以房屋、退休金、股票、银行存款等方式被人持有,而且分布得相当不平均,富人拥有大部分的财富,同时也拥有大部分的债务。这些数字的增加,有时反映出房价上涨,有时则反映出股价上升,但不可否认的是,随着经济成长与所得成长,财富与存款也会成长。没错,负债是增加了,但财富增

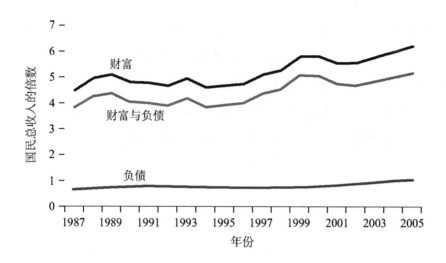

图 1.1　英国的财富与负债

加的速度更快。

　　我们发现,即使是被形容为严重失控的负债项目——无担保个人负债(包括信用卡),在我们可花用的金钱(称为"家庭可支配收入")中所占的比例,在过去 5 年来(在它微幅上升之前)仍然相当稳定。再重申一次,债务的分配并不平均,对有些人来说债务是个问题,而其他人却完全没把它放在眼里。因此,利用一个总数把事情形容为重大财务危机,是完全没有道理的。

　　那么,怎样才能借由个人经验,知道英国的负债总额并不像表面上看起来那么可怕?想想人们常有的情况,愈有钱就会借愈多钱;借了更多钱,但借钱却愈来愈不是个问题。有了上述经验当作对照,情况就明朗许多。我们很容易看出,逐渐增加的负债可能代表了全体人民总财富的增加。即使如此,我们还是要利用相同的方法将数字适当分配,不打算说好听的话来灌迷药。所以,我们把大部分的负债分给富人,极小部分的负债分给穷人。为了计算方便,我们把10 000 亿英镑的负债平均分摊给英国所有人,每人分得的金额大约少于 17 000 英镑,相比之下,每个富人则平均分得 10 万英镑以上。

把数字个人化,不只能看出英国负债背后的真相,也能看出国际金援的真相。2005 年,八大工业国(G8)高峰会在苏格兰的格伦伊格尔斯举行,正好轮到英国担任主席国。当时的财政大臣布朗(Gordon Brown)①宣布要一笔勾销发展中国家 500 亿美元的外债。听来似乎很慷慨,而且对发展中国家非常重要,但是从八大工业国内部的角度来看,到底有多慷慨? 对我们来说,这个数字大不大?

---

① 2007 年 6 月,布朗取代布莱尔成为英国的新首相。——译注

不花钱的慷慨

　　500 亿美元是应收债务的金额,把这笔债务一笔勾销,八大工业国损失的只是应该收的还款。这些贷款的利率通常十分优惠,每年总共约 15 亿美元,这才是真正的成本,远比头条新闻中的数字低。依据当时的汇率,把 15 亿美元换成英镑,约等于 8 亿。一年 8 亿英镑,好像还是个挺大的数字,但请记得我们的告诫,要把数字个人化。为了简单起见,我们就把八大工业国的人口当成 8 亿左右,所以格伦伊格尔斯高峰会这项决议只花了八大工业国全体人民每人每年 1 英镑。即使只有 1 英镑,都有夸大之嫌。因为大部分的钱都来自政府外援预算,本来就是每年都要支出,只是改为花在格伦伊格尔斯的这项决议案上。所以,格伦伊格尔斯高峰会这项决议所花费的成本,公布后和公布前几乎一样,几乎都是零。

　　最后,让我们来看看尺度的另一端,一个小小的数字:6。现在你会抱着怀疑的态度,不愿轻信他人的言辞,不急着想要提出自己的意见,而是想多了解一些背景资料,这才是正确的态度。我们所说的 6,是指地球上的"小世界现象",也就是通过 6 个人可以让 2 个人建立联系的六度分隔理论(six degrees of separation)。6 这个数字,到底大不大?

　　根据维基百科上的内容,这个概念首见于 1929 年匈牙利作家弗里杰什(Karinthy Frigyes)的短篇故事《连锁》(Chains)中。后来,和这个理论紧密相连的,却是美国社会学家米尔格朗(Stanley Milgram)。他在 1967 年宣称,已经通过实验证明,只需要 6 个步骤,就可以让美国国内任意 2 个人联系起来。

米尔格朗招募了 300 名志愿者,把他们称为"起点"(starters),要求他们每个人将一个有金色纹饰、大约护照大小的包裹转寄给指定的陌生人,这些陌生人大多住在其他城市。志愿者可以通过任何他们知道名字的中间人转寄这个包裹,中间人也可以用同样的方式把包裹转寄给另一个人,从而让包裹愈来愈接近指定的收件人。这些志愿者只知道收件人的姓名、家乡、职务与一些个人描述,并不知道他们的地址。米尔格朗指出,有 80% 的包裹转寄不到 4 次就能够寄到指定收件人的手里,而全部的包裹都在 6 次以内转寄成功。

这个故事成了传奇。2001 年,阿拉斯加大学的心理学家克莱因菲尔德(Judith Kleinfeld)对这个现象产生兴趣,并对米尔格朗的实验展开研究。她表示,研究结果令人沮丧。首先,有个未公开的初步报告显示,成功率低于 5% 。然后,在主要的研究里,有 70% 以上的包裹没有达到预定的目的地。这么高的失败率,让她对原先的理论产生高度怀疑。

克莱因菲尔德告诉我们:"虽然这个现象'有可能'是真的,但是有 70% 的包裹根本就没有抵达目的地,你怎么能说所有的包裹转寄不到 6 次就成功寄到收件人的手上?"此外,她还指出,在原始实验中,寄件者与收件人都属于同一个社会阶层,收入都高于平均水平,这些人本来就有可能是同一个圈子的人。

所以,在"小世界现象"里的 6,有可能正确,也可能不正确①。如果这个现象是真的,6 是不是一个小数字呢? 相似群体间比较容易产生联系,这个论点是一条线索,也是一个提示,鼓励我们多思考:虽然一共只有 6 个步骤,但如果每一步都很大,6 步就会变成世界上最遥远的距离。

———————————

① 2008 年,微软 MSN 资料库证实,陌生人之间的"人际间隔"平均是 6.6 个人。该资料库的研究人员假设,至少通过一次信息的人就算认识,比对 1.8 亿名使用者的 300 亿通信录信息,结果得出这个数据。——译注

此外,克莱因菲尔德整理米尔格朗的档案时发现,把包裹转寄给不同种族收件人的达标率是13%;如果寄件人与收件人住在同一个市区,达标率则会升高至30%。她也发现,如果寄信的"起点"是低收入阶层,指定的收件人是高收入阶层,达标率几乎等于零。很明显可以看出,人脉还是没那么容易跨越社会阶层障碍。

就像克莱因菲尔德说的:"一个领社会救济金的母亲,可能和美国总统通过不到6次的转寄就能连上关系。她的社会福利案件经办人可能是她的第一个中间人。第二个中间人,有可能是社会福利部的主管,而他可能认识芝加哥市长,市长又可能认识美国总统。但是从这位母亲的角度来看,这有什么意义?……我们习惯将'6'当成一个小数字,但在不停转动的社交世界里,'6'可能是一个遥不可及的天文数字。"

6通常很小,10亿通常很大。在评估一个数字的大小时,用这么简单的逻辑来思考是看不出它背后的真相的,你得套用我们与生俱来的人类尺度,把这个数字个人化。经过6次的转寄就能够把东西寄到总统手上,这听起来很快,但如果你也试试看就会发现,仅仅6步,实际上却相隔两个世界。

10亿英镑的赤字,对整个英国来说,可能一点影响都没有,换算起来,平均每人每周才32便士。面对一个数字时,我们需要稍微思考一下,确定自己已经依照个人经验,把这个数字个人化。唯有如此,我们才能真正了解这个数字所代表的含义。千万别忘了那个天真可爱的问题:"这个数字大不大?"想要知道它到底有多大,请把它个人化。

第2章 一二三四五，
你算清楚没

数数儿很容易，只要你不是真的用数字来计算事物。一、二、三、四、五……你可以一直数下去，这些抽象数字既明确又规则，小朋友就是这样在托儿所老师的身边学会数数儿。

但对涉世已深的大人们来说，想要在宽广的世界里数数儿，就得放弃这种天真的算法。单纯的数数儿很简单，但用于计算的数数儿却非常困难。有的人算得头昏眼花，费了好大一番功夫，才能把小时候老师教的算法忘记。

生活远比数字复杂，前者不但多面向，而且还持续变化身形，后者却死板又僵硬。然而，我们在数东西时，宁愿冒着扭曲事实的风险，硬是把事实挤压、捣碎成其他物体，直到能够用数字说明。这样的算法是算不出事实的。想要避免这种错误，在现实生活中精通数数儿，你就得遗忘儿时上课的记忆，选用更好的方法：让钻石变成青豆泥。

2005 年 1 月的一份报纸头条写着:"英国古惑仔! 有 1/4 的青少年是罪犯。""每四个青少年当中,就有一个表示自己曾经犯过抢劫、窃盗、攻击或贩毒等罪行。"另一份报纸则写道:"欢迎英国古惑仔!"

一项针对青少年所做的调查显示:英国已经培养出一群恶棍、小偷和毒贩。报纸哀叹家庭管教的失当与精神文明的沦丧,政府官员个个怆然垂首,大叹一代不如一代。尽管如此,这项调查的数据还是指出,有 1/4 的青少年是"累犯或重犯"。

这项调查的算法很简单,问男性青少年最近做了什么事,然后依照他们的回答来计算结果:"我们假设男孩们都说实话"。数数儿毕竟是托儿所小朋友就会的事,一个接着一个数,每个数字既独立又融合:一、二、三、四、五……我们经常不自觉地就用这种模式来数数儿。数字就像时钟的指针,嘀嗒嘀嗒地走,直到最后终于走到总数。我们以为这种简单的算法可以用来计算现实世界中的政治和社会数据,实际上并不然,也不可能。想用这种天真的算法来计算现实世界中的数字,就像已经长大成人却用幼儿的想法在行事。

且让我们从头开始。统计学有一项基本原则,那就是为了产生数字,一定要先定义并确认统计项目,千万别小看了细节可能造成的差距。首先,得确认要统计什么。这有什么困难? 让我们来看一个有趣的例子——牧场上的 3 只绵羊:

我们要数什么?

绵羊。

有几只?

3 只。

但其中一只是小羊,它算是一只羊,还是半只羊? 此外,有一只怀孕的母羊即将生产,它算是一只? 两只? 还是一只半? (假设它怀的不是多胞胎。)总共有几只羊? 依我们对统计项目定义的不同,总数可能是 2,2.5,3,3.5 或 4 只。对一个小数目来说,这个差距的范围已经相当广,其中有个答案居然可以大到是另一个答案的两倍。在现实世界中,含混计算只会让事实被扭曲。

如何计算失业

　　如果一个简单的例子就可以如此复杂,想想政府的统计数字,那可是要算出数千万人民的生活指数以及消费物价指数等数字。以失业人口为例,我们何时会说某个人处于失业状态? 一定要完全没工作才算吗? 或是偶尔打打工也算? 那要打几个小时的工才算? 一周一小时、两小时,或十小时? 正在积极找工作的人算吗? 还是没有工作的人才算? 像义工这类,有工作却没拿薪水,又该怎么算? 光撒切尔夫人(Margaret Thatcher)①的保守党政府,就曾经二十三度更改"失业"的定义。

　　单纯又明确的抽象数字,到了现实世界却失去它的本质,变成完全不一样的东西。在数学的世界里,数字看起来既坚硬、纯粹,又闪闪发亮,在各方面都有棱有角。然而,在现实世界中,我们最好把数字想得圆滑一点。这两者的差异就好像钻石与青豆泥的不同,而我们居然常常会忘记或忽略它们的不同,用计数来掩饰生活中的不精确,真是令人难以苟同。

　　在圆滑的现实世界里,将青少年定义为累犯或重犯的标准到底是什么? 在这些罪行中,青少年最常犯的一项是攻击,如果有人因此而受伤,则称为"严重"犯罪。下列是该问卷调查中的问题:

---

① 1979—1990 年出任英国首相,是英国第一位女首相及女党魁。——译注

你是否曾经故意对某人施暴,如抓、打、踢别人,或对他们丢掷物品,让他们因此受了伤?

然后,怪异的来了:

请将你的家人、你认识的人,以及陌生人包含其中。

结果显示,58%的攻击都是"推挤"或"拉扯",36%的攻击对象是兄弟姊妹,所以只要推了哥哥或姐姐六次,即使他/她毫发无伤,你也算是"累犯"。而如果你推了弟弟或妹妹一下,让他/她的手臂瘀血,你就是"重犯",因为你的行为导致他人受伤。你就是媒体说的古惑仔,可以和毒贩、小偷、谋杀犯,以及其他极端的少年精神病患者相提并论。

我们每次计数时,都得先定义到底要数什么东西,被数的东西必须符合标准才能够归在一起。但大多数我们想计数的重要事物都很混乱,就像人类一样行为奇特,彼此有点相同,又有点不同。它们不是恒常的,变化极大,我们要如何将它们归在同一类,用一组数据代替呢?要用什么定义?如果无法厘清定义,我们到底又在数什么?

我们都算
暴行重犯吗

　　有些行为看起来明确又极端,很容易被统计,但和其他更严重的罪行相比,它们仿佛就变得不符合标准。将妹妹推倒在地的小伙子与挥刀杀人的狂徒完全不同,为什么在这项调查中却被归为同一类? 在决定这项调查中的犯罪定义时,研究人员以法律为依据,并以广义的解释认为推、挤等行为符合犯罪标准,但人们通常不会这样定义。一个通情达理的警察会将住在一起彼此推伤的兄弟当作乳臭未干的毛头小子,而不是应该拘捕的罪犯。他的判断标准是一般人的判断标准,而这就是法律感到麻烦的地方。

　　但既然有定义,就不再需要我们主观的判断,因此便让我们用以前老师教的方法僵硬地数数儿。在这项调查中只有两种人:不是合法的就是违法的。但这种非黑即白的定义所坚持的标准是假的,只能产生骗人的数字。报纸头条出现的1/4的犯罪率还真是高得吓人,不过,大多数的消息总是过于夸大,简直到了荒谬的地步。矛盾的是,这些看似精确的数字,其实是用非常模糊的方法数出来的。虚假的清晰导致了观点的扭曲,如果没有仔细思考这些数字的真实性,你有可能也会跟着对下一代不抱任何希望。

　　符合这项调查定义的罪行,有些的确很残暴,但这项调查到底搞出了什么结果? 真的能够证明每四个青少年当中就有一个是古惑仔,还是显示出英国青少年的个性大都很温和? 毕竟,有75%的青少年表示,在过去一年内,都没有推挤、拉扯、抓踢伤别人超过六次。（确定连在学校排队吃饭时都没有?）老实说，根据这项调查的定义，本书的两位作者必须承认：我们在年轻时不只是累犯，而且还是重犯。各位读者，你们手里这本书的两位作者，在过去都是不良少年哪!可是说不定,您也和我们一样?

我们对英国青少年的行为究竟比以前好或坏，不发表任何意见。和一般人一样，我们也注意到一些恶劣的行为。但我们想说的是，报纸用来证明新一代向下沉沦的 1/4 这个数字，完全没有根据，代表不了任何事。我们的周围到处都是充满自信的人，提出许多惊人的数字，霸占了我们的注意力。但如果我们肯花时间深入了解这项调查就会发现，报道虽然有趣，但"1/4"这个数字完全没有任何意义。

虽然这样可能没有卖点，但比较精确的头条应该是："英国有'1/4'的男孩，承认做过不法行为(视他们如何解读调查问题)。在这些少年'罪犯'当中，有些人是一时欠缺考虑，但有些人是出于恶意且情节严重。至于在这两者以外的，依据我们手上现有的数据，尚无定论。"

假设我们在统计时小心照顾到各项细节，同意所谓的绵羊就是指成羊和小羊，而且事先明确了清楚的定义。在上述那项调查中，也可以将男孩们的行为定义出一个广义的范围。和你平常观察男孩发现的一样，他们中有心浮气躁的毛头小子，有在学校欺凌别人的小混混，也有粗暴的罪犯。不要太戏剧化，也不本着刺激视听的打算，这些数据就会比较有意义。

硬要将青少年的行为趋势算出个整体数字，只能建立出一个像钻石般闪闪发亮的假象，把众生百相用过度狭隘的定义分类。比较准确的统计方式，是将这些行为看作一大桶青豆泥，仔细想想有什么方法能够用一个数字来代替它们。将这两者一比，你就知道用数字衡量事物的困难。错的不是数字，也不是它们扭曲了事实。错的是人，还有他们习惯忽略细节，一口气得出结论的方式。

政客与媒体的
惯用手法

　　上述行为只是一家小报社的恣意妄为吗？并不是。这是政客与媒体的惯用手法。当退休金危机引起英国民众恐惧时，政府指派以特纳（Turner）为首的退休金委员会（The Pensions Commission），于 2005 年公布有关退休金改革的初步报告。其中提到，有 40% 的人口即将面临退休金准备"不足"的问题。还好，在看过上述那项调查之后，你的"定义肌肉"现在可以立刻产生反射动作：所谓的"不足"，到底是什么意思？

　　在 40% 这个令人震惊的整体数字背后，委员会把所有人简单地分成两类：有退休金的人和没有退休金的人。这个僵硬的定义，就好像上述那项英国古惑仔调查一样，非黑即白，没有中间地带。有没有退休金，全由你名下的财产而定。

　　你有可能年纪轻轻就结婚，从来不需要外出工作，你的另一半有可能富可敌国，你们在一起超过 40 年，而且住在城堡里。考虑这种种的条件之后，你应该有个舒适无比的晚年。但在委员会的眼里，你的名下如果没有相当的存款或财产，好可怜，你就是没有退休金的人。

　　40% 这个数字对政策制定者非常重要，因为它显示出居然有大量的不理性人口不在乎老年生活。婚姻是影响这项评估的重要因素，它并不是一个不合理的选项，不值得委员会考虑。不久之后，另一份独立报告重新计算了退休金不足人数，这次把婚姻考虑进去，结果只有 11% 的人没有足够的积蓄，并非原先的

40%。后来,在委员会自己提出的报告中,40%这个数字终于杳然无踪。

现在,我们可以暂时建立一个简单的数数规则:一个依照某种定义统计出来的数字,大多扭曲了部分事实。虽然这是非常古老的知识,但人们总是习惯遗忘这项规则。亚里士多德在《尼各马科伦理学》(*Nichomachean Ethics*)一书中写道:"知识分子就是要在各类事物中寻求精确,直到事物的本质所能允许的范围为止。"关键在于,不可超越界限,永远要记得考虑限制。别忘了问:"这些定义是像钻石般坚硬,还是像青豆泥般绵软?对于统计出来的结果,我是否感到满意?"简单地讲,就是:一、二、三是 A,四、五还算 A 吗?

第3章 为什么我们把数字当老虎

我们自以为知道概率的模样，觉得它复杂、随性又混乱。然而，事实总不如我们的想象，概率总有办法能够一次又一次地欺骗我们。尽管纯属巧合，它却常以有条有理或某种模式出现，让人们像过度狂热的侦探般不愿意放弃任何蛛丝马迹，以为自己看到的不是真相，并以不屑的态度加以否定："那件事不可能是偶然！"

有时候我们是对的，虽然次数往往比我们认为的还要少。我们经常被骗，看起来有秩序的，其实毫无章法；看起来有意义的，其实是一派胡言。重点是，无论是事件的揭露、揭露之后的理解、理解之后的发现，人们往往都自称手中掌握了绝对的证据。然而，事实上，它们并不值得被敬重，只是披了一件华丽的外衣。经验是我们最好的老师，我们应该要牢记它的教训。在数字的世界里，永远要小心那只狡猾的手——概率。

黑暗中，是谁鬼鬼祟祟地企图毁灭一切？2003 年 11 月 5 日的营火之夜①，接近午夜时分，西米德兰的威肖村（Wishaw, West Midlands）外，有人意图不轨，并自认为替天行道。

不管肇事者是谁（也没有人被起诉），总之有人带来了绳索和搬运工具，在几分钟之内把位于村外赛马训练场和牧场之间一座拥有 10 年历史、23 米高的移动电话基站推倒在地上。基站的信号恰好在半夜 12 点 30 分停止，警察没有找到任何目击者。隔天早上，抗议人士围着倒下的基站，拒绝让业主 T Mobile 公司移走或更换基站。代表抗议群众的律师不准那块土地的主人接近，因为那要穿越别人的地产。抗争行动很快就变成全天候的警戒，双方都雇了保安人员沿界巡逻。

村民的激烈抗争起因于绝望，因为自从基站设立之后，方圆 500 米内的 20 户人家已经有 9 人患癌症。在他们的心里，原因再明白不过了。他们即使到现在仍然相信，自己是癌症群体。这件事怎么可能是偶然？除了基站的电磁波之外，还有什么原因可以解释这个地方为什么会有这么多的病例？

威肖村的村民可能是对的，自从那天以后，那个基站一直没有被重建。顾及当地居民的感受，新基站不仅现在不可能被重建，大概永远也不可能会被重建了。如果威肖村的犯罪率突然增加，20 户有 9 户被抢，他们也很有理由怀疑是同一个原因造成的；因为如果有两件事同时发生，它们彼此间通常具有关联性。

---

① 又称"盖伊·福克斯（Guy Fawkes）之夜"。起源于 1605 年 11 月 5 日，盖伊·福克斯和他的党羽想炸掉英国议会，并谋杀当时的国王詹姆士一世，幸好这起阴谋及时被发现，并没有成功。此后每年的 11 月 5 日，英国人都会点燃营火，庆祝福克斯等人的计划失败。——译注

事出必有因?
赶紧找一个

但事情并不总是如此,如果威肖村的村民错了,那就与概率在庞大复杂的系统中独特的运作方式有关。要是他们真的错了,最可能的解释也不过是,他们不能(我们大家也往往都不能)接受,同时发生的多起罕见事故不一定是由同一个原因所造成的。而且,生活中的异常数字,包括罹病概率等,也不一定是由外力或单一原因所引起的,而是有冷酷无情的规则,能够合理、悲哀地被预见。

想知道为什么?请站在地毯上(最好选一张毛不太长的,并把吸尘器准备好),拿一袋米来,打开袋子,然后……把米全部倒出来。你的目标是,把整袋米抛向空中,让米粒像雨点般落下。

这么做,是为了看米粒在地毯上分布的概率。请你特别观察米粒散落的方式,你会发现,它们大都不是平均地落下,而是偏重某个地方,所以常会造成某堆米特别高,和其他米不一样;那堆米形成了一个群集。

只要是癌症发生率高的地方,人们都希望能够有个合理的解释。透过上述那袋米,大家可以看出类似的形式,不晓得你是否还需要更多的解释?你可以把每颗米粒想象成国内的一个癌症病例。从这袋米可以看出,单纯由概率造成的群集是在意料之中的。如果米粒均匀地散布成一层,那才奇怪。同样,如果疾病在全国人口中平均分布,那也很奇怪。

虽然癌症和米粒有这个相似点,但两者还是属于不同的层次,癌症病人绝对有权知道自己为什么会患病。癌症发生的概率,有时只是像米粒落下的概率,不大可能会平均地分布在全国各地,也会产生群集的现象,导致某些地方的病例比较少,甚至稀有罕见,而某些地方的发生率则是高得让人担心。在这些高发生率的地方,民众有时会将发病的原因归咎于当地某件事。这种心态,加上每个人复杂的生活方式所引起的病因,以及发病时间的巧合,全部的概率就撞在一起,就像米粒在空中发生了多次的撞击,结果便在同个地方、同一时间形成了群集。

有一点需要澄清的是,大家很容易就会相信,米粒的分布纯属概率,而疾病的发生一定事出有因,这种想法是错误的。"概率"并非纯属偶然,有很多原因能够影响米粒落下的位置,比如气流、手劲、每粒米最初在袋中的位置等,而癌症在这方面(也只有在这方面)通常没有什么差异。虽然看起来好像有什么意义,但除了偶然之外,真的别无其他含义。

只要事先想想撒米的例子,就能够毫无困难地预测结果。但这招如果运用在人的身上,却常常失灵。我们对此存在着双重标准:大家都知道事物有时会成群出现(向来都是如此),但对于干扰我们日常生活的事,大家却习惯性地将这种必然性贴上"神秘"的标签,把正常现象称为"可疑",把可预期的结果叫作"反常"。概率是个古怪的玩意儿,我们得好好运用直觉,让过去的经验告诉我们,它到底是什么东西。我们已经看过许多让人惊奇的事,所以我们应该相信,它们会再次发生。

分牌和掷硬币

一般人容易低估群集的大小及发生频率,我们可以用两个简单的例子来说明。首先,拿掉大小王,洗好一副 52 张的扑克牌。从最上方的牌开始,一一将你手上的牌分成红、黑两堆。猜猜看,同一个颜色的牌,最多会连续出现几次? 大多数的人会猜三次。而事实是,在你分牌的过程中,很可能会有一次连续分到五六张相同颜色的牌。

另一个例子是,你可以请人猜猜看,一枚硬币连续掷 30 次的结果。畅销数学书作家伊斯威(Rob Eastaway)在学校演讲时就试了这个把戏。他说,很多孩童都觉得,同一面差不多会连续出现三次。而事实上,同一面连续出现五次的概率是很常见的。即使是连续出现三次或四次,也比很多孩童预期的要多。虽然孩子们都知道,在 30 次掷硬币的过程中,人头面和数字面并不会轮流出现,但他们还是严重地低估了概率让人惊讶的力量。

因为这个游戏实在很有趣,所以我忍不住试了一下。下列是我真正连续掷 30 次硬币的结果。我掷了三回,总共 90 次,以"人"表示人头面,"数"表示数字面。超过四次的群集,我就用粗体标示,并在括号内注明次数。

1. 人数数人数数人人数人人**数数数数数数**人人人人数人人数数数人人人
（六次数字面,四次人头面）

2. **数数数数**人数数人人数人数**人人人人**数数数人人人数人人数人人数人

（四次数字面，四次人头面）

3. 数人数数数数数人数数数人人数数数数数数人人人数数人数人人数数

（五次数字面，六次数字面）

这枚硬币并没有任何的机关，在我测试的第一回中总共出现了 15 次人头面、15 次数字面，在第二回中则是 16 次人头面、14 次数字面，在第三回中是 10 次人头面、20 次数字面。它们出现的次数都是随机的。

简单掷几次硬币的结果，就出现了大量的群集，而这种结果如果出现在病例上，就是个残酷的事实。因为这表示，移动电话基站也许真的不是谋害健康的刽子手，就算永远关闭了基站，世界上还是会有些地方像威肖村一样，居民患癌症的比例特别高。但这种解释实在是很难让人信服，因为在 20 户人家里就有 9 人患上癌症，而这"应该"是有什么共通的因素。这种想法经常引起另一种想法，那就是这么多的痛苦怎么可能单纯是概率导致的结果？而当单纯的厄运居然又造成这么高的患病率时，谁不会埋怨上天的无情？向命运屈服，会让人感觉自己脆弱无助，这是我们无法承受的事情。

但概率并不代表事情随时都有可能会发生在每个人的身上，让世界变得混乱。它并不是毫无秩序，也不是无法预期，因为我们都知道这些事情一定会发生，只是不知道它们会发生在何时何地。概率也不代表事出突然，所有的癌症都事出有因，这些原因很多、很复杂，而它们发生的概率并不比其他不相关的原因还要来得高。在英国这么大的国家里，可以预见一定会有癌症群集的存在，只是我们不知道会在哪里。虽然癌症群集的出现让人吃惊，但掷 30 次硬币连续出现六次数字面也同样让人吃惊，这两者其实都是可以预期的。

那不是老虎，
是直觉

　　在英国广播公司第四电台(BBC Radio 4)的《或多或少》(More or Less)节目中，我们曾紧张地向一位积极反对基站的威肖村村民(她本身也患了癌症)解释群集是如何产生的。之后，有位愤愤不平的听众发了一封电子邮件来，谴责我们居然敢剥夺他们的希望。但概率是无情的，诚如莎士比亚在《李尔王》(King Lear)中所言："我们之于上帝，就像是苍蝇之于顽童，他可以把杀死我们当作运动。"在伤痛与沮丧之中，找只羔羊来代罪，甚至把他宰了，可能会让人好过一些。

　　外科医师暨学者加文德(Atul Gawande)，在20世纪90年代末期写到美国的癌症群集为什么很少被认真看待时，引用了加利福尼亚州环境职业疾病控制局(DEODC)局长的意见，表示在美国5000个地区中有超过半数(实际上是2750个)地区的患癌率高于平均值。只要稍微想一下就会发现，这个数字大致与我们预期的相符：简单地说，就是如果有些数字在平均值以下，其他的就一定会在平均值以上，除非它们全部都一样。当有些米粒散得比较开时，有些就一定会堆在一起，而这就是概率。

　　他还提到，马萨诸塞州的卫生署在一年之内就对癌症群集引起的恐慌做了三四千次的回应。虽然几乎都没有实际证据，但他们仍然必须进行调查，因为民众的焦虑是事实，就算可以预见将毫无发现，也不能敷衍了事。他们找不到有力的证据，并不是因为卫生医疗机构不愿意正视问题而含混敷衍、随便调查，也和有关当局想要粉饰太平无关,这点可从他们乐意配合用其他方式调查癌症的病因就可以看出来。他们发现职业癌症群集或单一事件引起的疾病群集,如暴露在药物或化学物质之下引起的病症,与担心地理因素会造成的癌症群集不同,都有明显共同的发病原因。尽管产业施加压力,但这无法阻止卫生医疗机构公布石棉与烟草是健康的杀手。

即使不去思考这些可能与阴谋挂钩的理论,我们大家都是天生的直觉动物,下意识就会知道哪些事是合理的,哪些事又与我们的想象相悖。一旦遇到这些"感觉"起来好像不那么顺的事,我们本能地就会想要追根究底,不管是什么稍微不同的事,都会吸引我们去怀疑为什么。有人对此提出一个似乎还很有道理的论点,认为只要外头有任何的风吹草动我们就会提心吊胆是人类进化的结果。为了延续生命,安全总比遗憾好,所以我们只要看到树丛间投射出来的光线,以及树叶飞舞的样子,就会以为自己看到了老虎,然后拔腿就跑。

但这种根深蒂固、不求甚解的习惯,却让我们成了最差劲的统计员,随随便便就得出结论。在大多数情况下,事情本是概率造成的结果,但我们很难说服自己去相信这个事实,所以我们会问:"老虎在哪?"统计员会说:"没有老虎。不过又是概率这个骗子,在施展它的老把戏。"既然我们已经从丛林中进化出来了,我们就应该记住自己对于概率的经验,并在重要时刻迅速控制本能。

海浪和概率

医疗研究成本昂贵的原因之一，是新药必须先经过测试，以排除药物无效的概率。你可能会怀疑这会有什么困难，只要先给病人一种药物，然后看他是否好转不就行了？想想看下列这套说法：最新的药物，可以在七天内治好严重的感冒，但如果你让感冒自然好的话，它会延续一个星期。你告诉我们，这两者之间到底有什么差别？病情有没有好转和好转速度的快慢，都是有许多原因的。

假设我们把感冒病人分成两组，其中一组开感冒药，另一组给安慰剂，结果发现吃感冒药的那一组病人病情好得比较快。这是因为吃药的原因，还是概率？在理想的状态下，我们应该会看到两组之间有明显的差异，但如果差异很小或是参加的人数很少，问题就来了。就像癌症群集和米粒的例子，虽然有些接受实验药物治疗的病人产生了看起来很有意义的结果，但事实却与所有人都相信的成因——新药、基站——无关，只是偶然的结果。

统计学在最近两百年才有长足的进展，它不像科学和数学那样，早已拥有许多惊人的成就。它起步这么晚的原因，有可能是它挑战了人类的本能，尤其在模式、概率和巧合这些领域，它让许多追求意义的人产生了挫折感，显得特别违反直觉。在我们的人生中，到处都有假想的老虎；对于那些看起来好像有意义、实则是概率的数字，"那不是老虎"的观念可以用来作为判断的标准。我们应该问的问题是：那只老虎是真的吗？或者我们只是看到类似虎纹的东西？这些数字到底在告诉我们什么？还是只是单纯的概率？

事件也会像疾病般群集。2005 年，曾有三架客机在几个星期内接连失事，引起大家对于飞行安全的质疑。"到底是什么原因让飞机掉下来？"再讲一次，概率并不是没有原因，每架客机坠毁都一定有它的原因，而且原因都不尽相同。而概率可以解释，这些原因为什么会同时发生，以及坠机事件为什么会群集。

但这是否表示每种群集，无论是癌症或是其他事件，都只是偶然？当然不是。不过，我们得先排除成见，才能够找出真正的原因。新闻节目中，由西装笔挺的专业人士来告诉不愿意相信事实的居民们，他们的恐惧是没有根据的，而且可能还违反了公共利益，这种方法是合情合理的。让我们看看那些了解概率、且从来都对"是不是老虎"之类的问题做出认真判断的人是怎么说的吧。海维康（High Wycombe）①有个真实的癌症群集案例，当地因素导致了罕见鼻腔癌的高患病率。最后发现，病患是因为吸入家具工厂的锯木屑而发病的，该癌症在当地的发病率高出一般水平的 500 倍。

群集只是概率的一个老把戏，它也能够让数字上升、下降。大家一看到数字上下起伏，便不禁急着想要找出其中的含义，就像遇到群集一样，怀疑它为什么要上升、下降？数字的起伏，可以没有什么原因，就像概率改变海浪的高度，即使风速稳定，它也会让海浪时大时小、有时破碎。

海浪这种不规则的消长起落，我们称之为概率。海浪的起落也有原因，但原因太过复杂，永远无法解得开。我们可以把海浪想象成时高时低的数字，请不要看到一道巨浪就以为数字会持续升高，这是极易犯下的错误。不需要什么过人的理解力，大家都知道退潮时也会有大浪，这点我们可以从日常经验中得知。而提起这点，只是要让大家知道，好好运用日常生活的经验，就可以看透数字。

---

① 位于伦敦西北偏西约 46 千米处，以制造家具闻名。——译注

测速照相机

数字因为概率而上升、下降,经常会妨碍大家做出正确的判断。路边的测速照相机就是个颇具争议性的小例子。这些装置拥有绝佳的效果,即使不是发挥在交通安全上,也能在日常谈话中让大家讨论个没完。那些反对安装测速照相机的人就是想杀死路边小朋友的人,他们想在住宅区内以 145 千米/时的速度呼啸而过。而支持安装测速照相机的人就是具有高度支配欲的人,他们痛恨别人的自由,而且对有缺陷的系统完全盲目无知。反对者被讽刺为完全不负公民责任的逃避者,而赞成者则被讥笑为想用罚款将驾驶人逐出马路的卫道人士。

2006 年 8 月 10 日的《每日电讯报》,有一篇报道指出:"一项调查显示,有16% 的人支持街头黑帮非法摧毁测速照相机。"

《利物浦每日邮报》(*Liverpool Daily Post*)特雷诺(Luke Traynor)报道

依据昨天公布的数据,马其赛特郡(Merseyside)的测速照相机抓到了车速高达 215 千米/时的驾驶人。在 M62 号公路,靠近火箭(Rocket)酒馆附近发生的一起车祸,驾驶人被抓到在限速 80 千米/时的地方以 215 千米/时的速度疾驶,几乎是限速的 3 倍。该地在 6 个月内,总共有 116 位驾驶人,因为在限速 48 千米/小时的地区以超过 113 千米/小时的速度开车被罚。

为测速照相机欢呼?且慢,请看下面这则报道。

《太阳报》(*Sun*)卡迪(Philip Cardy)报道

406 之谜

司机奥弗林(Peter O'Flynn)收到一张超速通知单,上面说测速照相机拍到他以 653 千米/时的车速行驶,让他大吃一惊。这位当时开着标致 406 跑车的业务经理说道:"我很少超速,我一定要申诉到底。"

总之,支持和反对的双方都各自传出愤怒的声浪,原本可以理性讨论的事情却变得火药味十足。不过,何必费力争吵?只要看一下数字,就可以知道安装了测速照相机,车祸究竟是增加还是减少。答案很明显,以整体而言,安装测速照相机之后车祸的数字下降了,在有些地区数字更是大幅下降。

交通部新闻稿,2003 年 2 月 11 日发布

交通部长达林(Alistair Darling)今天宣布:在装有测速照相机的路段,车祸死伤人数减少了 35%。这项发现来自一个为期两年的独立实验计划报告。该计划允许 8 个地区将收到的超速罚款投资安装更多的测速照相机,以增加照相机的使用。

达林表示:"这份报告明确指出,测速照相机是有用的。它不但让车速降低了,也让死伤人数降低了,拯救更多宝贵的生命,避免更多的伤害。很明显,超速非常危险,而且造成很多人的痛苦。我希望借由这项发现,能够凸显测速照相机的确能有效阻止驾驶人超速,让马路变得更安全。只要不超速,就不会有罚单。"

交通部表示,减少 35% 的死伤人数,大约等于 280 人。从那个时候开始,英国测速照相机的数量便开始增加。故事就这么结束了吗?并没有。首先,有些比较例外的地区,从安装了测速照相机之后,车祸不减反增。但少数的例外,并不能够证明什么事情,我们得了解总数的变化:整体来说,车祸还是大幅度地降低了。

想理解这点,我们可以套用上一段海浪发生的概率。不用人教我们也知道,海浪一定会反复地上升和下降,此起彼落、不断消长。人也是一样,没有人每天的行为能够完全一样,大家会在不同的时间点起床、出门、工作、吃饭。世界上在同一分钟做某些事的人,一定会起起伏伏。

当然,这些你一定都知道。所以你应该也能知道,每个地点发生车祸的次数很可能会时高时低,生命就是这样。要是一个地方连续一年每个月所发生的车祸次数都相同,那才叫诡异。幸运或厄运,正如海浪的起落,决定了一个统计数字。

这个论点带出一个我们都熟悉的经验:在其他条件完全相等的情况下,如果最近的数字比平常水平高,你可以预期接下来的数字有可能会下降而不是上升。大浪之后通常是小浪,上个月如果在某个普通路段连续发生两起死亡车祸,除非有明显的路障没有排除,否则这个月如果车祸次数没有下降,我们会觉得很奇怪。一个地方的车祸次数本来就会上升或下降,如果某个地方被判断为事故多发路段而设置了测速照相机,当下个月车祸次数自然下降时,政府就会大声宣告任务成功。

只要掷颗骰子实验一下,就能够证明这件事是概率的可能性有多大。不过,我们在此得先声明一下我们的立场,以免被贴上标签。根据数据显示,大多数的测速照相机有可能真的减少了车祸事故,但有些则没有,要视其设置的地点而定。所以,测速照相机还是有一定的效益,但是它的效益大小却被某些人(包括政府)过度夸大。而且,我们还没考虑以测速照相机替代警察巡逻以后,这些装置对其他交通违规事故(如酒驾)所造成的影响,其结果往往难以估计。

我们回头来看掷骰子的实验,你可以找一组人来(大约十几个就足够),请每个人充当一个普通路段。我们找了大约20位记者来进行这项实验,让每个人掷两次骰子,把点数相加,以代表每个路段的车祸次数。结果显示,纯粹概率使然,有些路段的车祸次数就是高于其他路段。正如现实生活中,司机刚好一时不察或刹车刚好失灵,于是就发生车祸。

接下来,为了试验测速照相机的威力有多大,我们拿了一张测速照相机的照片,请第一次掷出高点数(十、十一、十二点)的记者,再掷两次骰子。结果测速照相机的照片立刻"发挥"了功用,没有一个记者掷出像第一次一样高的点数。这代表什么?测速照相机真的是让车祸次数降低的绝对主因吗?并不是。这只能代表车祸的发生就像掷骰子一样,除了有些明显是人为因素造成的之外,有时真的只是因为概率。

不过,有些人可能会反对,因为我们在实验中用的只是测速照相机的照片,并不是真正的测速照相机,所以不能够证明什么。尽管如此,我们想说的重点是,就算在一些实际发生过车祸的地点旁放上测速照相机的照片,甚至是石头,它们也会和照相机一样发挥功用。因为车祸次数的升降,就像掷骰子得到六点一样,都只是概率的结果。我们在数字刚好上升的地点设置了测速照相机(或照相机的照片或石头),表面上好像影响了数字,但其实只是刚好抓到波动的变化,因此抢了功劳。

回归至平均数

上面这个现象,刚好就是统计人员所熟悉的"回归至平均数"(regression to the mean)现象——当一个数字最近达到顶点或最低点时,接下来便可能朝向平均值移动。当初交通部的研究人员并没有考虑到这个现象,即使我们对他们的数字提出诘难也还是如此。如图3.1所示,某个地点车祸发生的次数就好像海浪和人生一样,起起伏伏。假设我们在车祸次数正值高点的 A 时安装了测速照相机,然后发现车祸次数在低点的 B 时减到最少。这原本是一定会发生的事情,但因为安装了测速照相机,所以大家很容易就会认为,车祸减少全都是测速照相

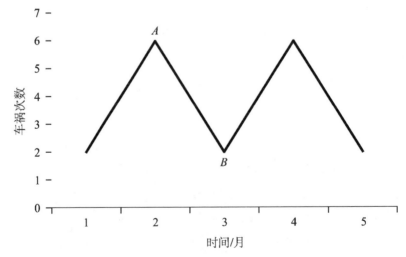

图3.1　某个地点车祸发生的次数

机的功劳,而这正是交通部所做的事情。在交通部发布该份新闻稿之后,到了2006年,首次有人尝试统计这件事有多少可能是回归至平均数的现象,其结果终于让概率扳回一城。

尽管交通部修正了数字,但因为定义含糊,加上计算草率,结果还是无法令人满意。在我们提出质疑之后,他们修正了部分新闻稿数字。这次的说法比较谦虚,所以有可能比较接近真实的情况。在所有安装测速照相机的地点所减少的死伤车祸中,约有60%现在被归为回归至平均数的现象。有18%则被归为所谓的"趋势",即全国车祸次数普遍下降,包括没有安装测速照相机的地方,而原因可能和路面、汽车安全性能等的改善有关。依照交通部修正过后的说法,其余的20%左右,则明显是测速照相机本身的功效,但我们对这个数字还是有点争议。

观察安装测速照相机的地点所发生的车祸次数,有两项要诀得好好掌握:一、把时间拉长,对测速照相机来说,大约需要五年;二、不要只观察车祸次数高的地方,必须全面观察,随机选择观察点。简单地说,就是不要忘记概率这个因素。

如果你深入了解世界各国的公共政策,就会发现,那些反复被拿出来歌功颂德的极少数有效政策,很多都是因为概率或好运而成功达成目标,并非他们所说的是因为施政正确而造成的差异。比方说,2006年初,英国内政部(Home Office)有一份报告,评估所有防止再犯率的政策是否有效,却发现没有一个政策能够有效达成目标。因为有太多的政策,在计算犯罪案件的增减时,没有考虑到概率也会影响一个人的犯罪。

有位资深内政顾问深知概率的阴险,也知道数字是多么容易误导群众,所以当部长问到如何才能有效防止再犯时,他的回答是:"不知道。"

难道政府真的是这般行径?经常性地漠视统计原则,只能受到运气和概率的支配?没错,就是这样。

还好,在英国,忽视统计验证的趋势现在已经逐渐改变。虽然施政当局不怎么情愿,却也慢慢同意在制定各种有关预防再犯、教育、医疗等政策时,会考虑更多的因素,而不是只把焦点放在某个部分。政治人物是最顽强的家伙,他们有时会把时间、预算和民众期望等拿来当作借口,而拒绝进行随机对照实验(Randomized Controlled Trial, RCT)①,以分辨那究竟是像虎纹的东西,还是真实的老虎。喜欢含混笼统跟概率赌上一把的政客,是放任概率肆虐的凶手。有两位无辜的医生,因为碰巧遇上概率的高点而受到众人怀疑,以为他们是谋财害命的刽子手。

---

① 随机对照实验是一种将受试者随机分配到实验组和对照组,以观察两者差别的实验方法。——译注

是医生还是
杀人犯

这是一个真实的事件,两位被传唤来参加会议的家庭医生紧张、焦虑地坐在座位上,试图解释自己的患者死亡率过高的原因。这场会议是因为希普曼(Harold Shipman)①案而召开的,有关当局受到影响,因此决定由史密斯(Dame Janet Smith)法官为首,调查是否能够通过监测家庭医生的患者死亡率,而找出其他拥有同样嫌疑的医生。在抽样了 1000 位医生之后,总共有 12 位医生的患者死亡率等于或高于希普曼的患者死亡率,被传唤来的这两位医生也榜上有名。

初步的统计分析,无法找出无罪的解释。除了医疗质量之外,还有什么原因能够导致这么高的死亡率? 此时,穆罕默德医师(Dr. Mohammed Mohammed)上场了,他也是调查人员之一。他告诉我们:"这不是一次平常的会议。大家都能够想象得到,这是非常令人不舒服、却又非常必要的会议。"他不打算随便给任何人冠上谋杀的罪名,但大家都看过新闻了,所以会有一些想法。这位说话圆融、态度诚恳的先生,打算要以科学的方式来办案,在得出结论之前,他想知道,是否还有其他可能性存在。

让两位医生变成杀人嫌疑犯的统计分析,曾考虑到概率或病人本身的特质

---

① 希普曼是一位在约克郡开业的医师,他在 20 年间杀害了 200 多名患者,其中多半为年长女性,以谋取他们的遗产。他于 2000 年被判无期徒刑,2004 年在狱中自杀。——译注

所造成的数字差异。所有地方的死亡人数都会起起落落,其中掺杂了各项原因,如年纪、疾病等,这些都是明显的解释。不过,这些因素在被深入检验之后,无法支持什么,现在轮到两位医生提出解释。

他们提出的解释是概率,这是连最精密的统计也无法判断、控制的狡猾东西。他们的患者年纪并没有特别大,不过,他们诊所附近的确有很多养老院。年纪大常是虚弱或生病的代名词,养老院更是,住在养老院里的长者,常是健康情况最差的一群人。

毫无疑问,我们知道希普曼的病人死亡完全和概率无关。不过,即使表面上看起来像是谋杀案的数字,还是可以有个完美的无罪解释。因为邪恶的概率扰乱了所有人和事物的稳定性,产生了一百万零一种组合变化,最后交织出栩栩如生的老虎斑纹,但斑纹本身并不是老虎。

想了解其中的辨识难度,我们可以想想自己的签名。每个人的签名都会变,但变化不大,没有人会担心,因为这是正常且无害的。不过,如果你改用另一只手签名,其差异之大可能会让银行拒付支票。想知道事情可不可疑,首先得知道因为概率而引起的变化到底有多大,而所谓的"特殊原因"又在什么时候会产生效力。到底签名变到什么地步还能具有法律效力?而死亡率要有多高才会被认为是蓄意谋杀?答案是:由概率产生的数字,可能会超过英国最穷凶极恶的连续杀人犯所谋杀的人数。

这两位医生的解释,刚好与资料完全一致。调查人员只要深入了解就会发现,他们诊所附近的养老院才是造成他们的患者死亡率过高的主要原因。这两位志在救人的医生终于获得平反,但他们却一点儿也不高兴。如果调查人员认为这两位医生有什么嫌疑,我们可以预期调查人员也应该要调查全英国的500位医生。概率无所不在,神出鬼没,在背后狡猾地操纵着数字。全英国境内有四万个家庭医生可以任由概率选来开玩笑,这些人不是蓄意杀人犯,只是比较倒霉。

史密斯法官在最后的调查报告中指出："我认为，单以死亡率来监测一个医生，不能保证病人不会受到有谋杀意图的医生残害。我也同意一些专业人士的看法，如果要用死亡率来监督医疗质量，必须确保基层照护体系（Primary Care Trusts）①、医疗人员与民众，不会被虚假的安全感所蒙蔽，以为监督系统可以提供对患者的完全保护。"

了解这套方法的盲点之后，史密斯法官仍然支持用这套方法来监督家庭医生，但她的理由是，这套方法还是有一些价值的，可以侦测或阻止谋杀。而穆罕默德医师也同意她的观点，难道我们真的分不出偶然死亡与蓄意谋杀吗？只要够小心，加上明显的证据，大概可以。那位在约克郡开设诊所的医师希普曼之所以能够长时间躲过侦测，是因为数字的明显差异并没有马上出现。而我们也因为这个惨痛的经验，获得了一些关于统计的智慧。靠着这种智慧，我们得到一个可怕的结论，那就是我们现在的侦测能力只比以前好一点点，因为概率永远会模糊真相。2000 年 2 月，就在希普曼被定罪后不久，卫生部长米尔本（Alan Milburn）对国会宣布，卫生部将与国家统计局（Office of National Statistics）合作，以"发掘更新、更好的方法，来监测家庭医生的患者死亡率"。七年之后，这个承诺仍未实现。这足以显示问题的难度，也证实了概率的力量。

---

① 英国的医疗系统是分级制的，有"基层照护"和"中层照护"之分。公众在健康出现问题时，会先与自己小区内所在的家庭医生预约看诊，所以家庭医生被认为是英国医疗系统中的主力，属于基层照护体系，其中也包含牙医诊所和药房等。——译注

战胜概率的方法

当统计人员提出警告,要大家特别小心概率这个貌似打不倒的强敌时,还是有方法可以战胜它的。美国与加拿大在 20 世纪 50 年代坚持不懈地进行新小儿麻痹症疫苗的实验,以证明药物符合药效标准。当时,在 1000 人之中患小儿麻痹症的人数是零,病例一直很罕见。所以假设给 1000 个人注射疫苗,我们怎么知道疫苗到底有没有效? 因为概率很可能也来掺一脚。我们要如何辨别,是疫苗还是概率的效果? 答案是,需要有一大批的受试者。在 20 世纪 50 年代中期,注射沙克疫苗试验观察的孩童有将近 200 万,他们被分成两组。因为分配到控制组或只是因为拒绝参加而没有打疫苗的儿童有 1 388 785 人。其中,有 609 人之后患了小儿麻痹症,患病率大约是每 2280 人中有 1 人。

而接受疫苗的有接近 50 万人,其患病率大约是每 6000 人中有 1 人。在这么庞大的人数中,数字的差异已经相当显著,研究团队可以确信,他们已经超越了概率。即使如此,他们还是详细检验,以确定各组的感染率并没有因为概率而造成差异。想要战胜概率,除了需要谨慎与决心之外,你还要比它多一些精力与耐心。

另外还有一个例子(我们会在第 10 章中讨论),比如,学校每年的考试成绩上上下下。其变化之剧烈,使得学校的排名每年都重新洗牌。但实际的教学水平是否也跟着每年上下变动呢? 还是说,差异来自每年学生的考试能力都不一样? 看起来比较像是后者,你可能会认为,决定学校考试成绩的似乎是招收进来的学生资质。但事实上，每年受学生资质而影响排名的学校，大约介于 2/3 到 3/4 之间。

概率产生的杂音轰隆震耳，让我们听不清楚真正原因的呢喃细语。我们没有把握判断学校本身的绩效是否年年有所差异，由于概率使得学校评鉴如此复杂，有人甚至指责评鉴毫无效益。我们在此先不妄下断语，但我们同意，如果将这些定期公布的变动数据当作一所学校的进步指标，认为它们能够反映出一所学校的教学质量，显示出学校每年的教学绩效，将会产生误导的效果。

是涨潮，还是大浪？是虎纹，还是真正的老虎？面对概率这个强敌，我们得小心谨慎，尽管如此，我们还是会一再地被愚弄。但起码我们可以努力争取一番，而不是轻易地被击垮。这项任务的第一步，就从了解概率的能耐开始，如果我们能够减少仓促判断的次数，仔细留意树丛里面的究竟是不是老虎，那么这项任务就会简单得多。

第4章 平均的真相——彩虹是白色的

平均值只能够说个大概，这是它们天生的说话方式。用这么简单的方式来描述一个群体，重要的细节无可避免就会被含糊带过。平均值就像晚间新闻的一句结语，简单地说出记者所归纳的重点，但是没看过报道的观众还是不知道新闻内容是什么。它向来有个问题，宣称自己为这个万花筒般的世界发声，却扼杀了我们所有的想象。想要看穿平均值的真面目，首先你要记得世界的多样化。

平均薪资、平均房价、平均寿命、平均犯罪率，这些以平均为首的名词，以及其他同等性质的平均值，如通货膨胀率等，全都把数字单一化，将一堆数据总结成一个代表总体的数字或是图上的一点。平均值出身的世界可能五花八门，包括了人类历史中的荣耀与耻辱、幸福与悲惨、典型与异常，但它们全都被融为一体，以平均值的面目示人。平均值既有优点也有缺点，它铲平山丘、填满深谷，让我们误以为地球真的是平的。事实上，地球是起伏不平的。

有两个比喻可能对各位有所帮助：小孩胡乱搅拌水彩颜料，最后产生的黑/褐色是一种颜色的平均值，而我们都知道那些水彩颜料全都失去了原本的颜色。彩虹原本是白色的，经过折射和反射之后，白色的太阳光线变成了神奇的七彩颜色。每当你看见平均值时，请想起"彩虹是白色的"这句话，并想象经过折射、反射出现的七彩霓虹。

预产期为什么
都不准

　　莱西(Victoria Lacey)在2005年9月10日生下了她的女儿莎夏。她的预产期是8月26日,逾期两周后,莱西每天都焦躁不安,期待自己能够赶快分娩。但随着漫长的一天过去,只能够再寄望明日。到底是怎么了?她自问:"为什么我的身体,不能够在预产期那一天把宝宝生出来?"

　　但预产期应该是哪一天?医生只能够给充满期待的准妈妈们一个估计的日期,因为他们不能百分之百确定,只能依据平均怀孕期预估。但平均怀孕期是多久?可惜官方给的答案似乎没什么用处,他们统计的平均怀孕期,可能比实际的还要少几天。

　　2005年,英国总共有645 835名婴儿出生,这些新生儿的预产期有没有可能都被误导?当然,会有一部分的预产期刚好正确,因为每位孕妇的怀孕期都长短不一,但正确的次数是否像它们应该出现的次数那么多?当我们知道法国的做法是告诉孕妇最晚的生产日期(通常比英国的晚10天左右)而非预产期时,我们更相信这项科学并不是那么准确。

　　英国的预产期,是从最后一次月经来潮的第一天开始,往后推算280天。英国医生习惯用这个数字的原因,有一半是因为它似乎没错,而另一半则是受到荷兰医学教授布尔哈弗(Gustaave Boerhaave)的影响。英国著名作家约翰逊(Samuel Johnson)①曾经这么赞扬他:"享誉全球,全世界知识分子无不悼念。"

布尔哈弗在将近 300 年前写出的怀孕期理论,经过许多研究现已众所周知。虽然那些研究文献并没有留存下来,但它们的结论流传至今,直到现在还是为大家所熟知。在 20 世纪中叶,这个数字不但获得深具影响力的教授认可,也被医学教科书一致引用。在英国,几乎每个人仍然同意 280 天是正确的预产期,因为它是平均值。

但是,平均值会骗人。即使醉鬼在马路上像钟摆般由人行道的一边晃到另一边,他的平均位置还是在马路的中线,车辆刚好能安全地擦身呼啸而过。以平均值来说,他应该可以活得好好的,但实际上,他可能会成为车辆的轮下鬼。平均值让人忘记数字的差异性,虽然一条河的平均深度只到膝盖,但也许会有某一处已经到达灭顶的高度。而醉鬼在路上晃来晃去,其车祸冲撞点被貌似安全的平均值给模糊了。平均值的优点在于,它缩小了庞大的信息量,成为易于管理的惊人数字,但也因为这个原因,使得它容易产生误导作用。

我们可以再用另一个比喻来形容平均值:世界就像是一锅食材丰富的汤,而平均值就是汤的整体味道,融合了所有食材的风味。有一点很重要,别忘了,有些食材的风味天生就比其他食材重,足以盖过汤里其他食材的风味。平均值调和了世界上浓烈、奇特的少量成分和日常生活中常见的食材,煮出可以代表所有食材又并非所有食材的味道,大多数人基本上已经分辨不出其中很多食材的风味。

如果你发现这个比喻很难套用在数字上,那么,只要记得任何平均值都可能含有强烈的味道,比如被扭曲的数字和罕见数字等。比方说,你可以想想每个人有几只脚。我们每个人的脚,几乎都比平均脚数多(没错,几乎每个人都比平均数多)。这是因为有些人只有一只脚,或是一只脚也没有,而这些少数人微小的影响,却足

---

① 18 世纪英国大文豪(1709—1784),集散文家、传记家、字典编撰者及文学批评者于一身,是继莎士比亚之后常被引用的英国作家。——译注

以让整个平均值降到二以下。因此,有两只脚的人,便会落在平均值之上。永远别忘了,平均值出身的世界可能五花八门,却都被融为一体,以一个面目示人。

所以,当我们看到一个由很多数字计算出来的平均值时,必须格外小心。如果记者和政治人物等都能够尽量避免说"平均差不多是……"之类的话(除非他们引用的是中位数①),避免将平均值和"普通""正常""合理"等画上等号,也不要用它们来表示"大多数人"的现象(除非他们确定真的是这样),那么事情将会大大地得到改观。平均值可能完全不是上述引号里面的那些东西。

那么,不准确的预产期,究竟是怎么一回事?有两点可以简单解释:一、有些孕妇会早产;二、几乎没有孕妇过了预产期两周以上,而医生还不实施人工催生。早产会让怀孕期的平均值下降,延迟则会拉高平均值的天数,但因为人为的力量介入,阻止宝宝晚于平均值两周以上出生。这种只计算每个早产儿却排除晚生的宝宝所造成的不平衡效果,会使怀孕期的平均值低于自然的天数。我们这么说,并不表示怀孕期可以无限延长,只是要点出统计的内幕。

我们的意见是,在统计最有可能的怀孕期时,早产儿不应该列入。大多数的宝宝都不是早产儿,所以如果医生对孕妇说:"我给您的预产期,已经事先缩短了几天,因为必须考虑有些婴儿——虽然可能不是您的——会早产。"她可能会马上回答:"我才不要因为某些不会发生在我身上的事而调整我的预产期,我只要最可能的日期。"这个怀孕期的平均值,有部分是目前的医疗行为所创造出来的,我们通过医疗干预而获得这个数字,于是 280 天的理论变成了一个轮回:我们的行为以平均值作为依据,但这个数字之所以会变成平均值,却是我们的行为所造成的。

合并过早与过晚两个极端边界值的结果,产生了不准确的预产期。近来有一次规模最大的研究,总共有超过 40 万名瑞典妇女参加,其中大部分的准妈妈

---

① 中位数(median),指在一组经过排序的数字中,位居中间位置的数字。如果排序的数字是奇数个,则直接取正中央的数字当作中位数。如果排序的数字是偶数个,则将中间两个数字相加除以 2,即为中位数。——译注

们都超过 280 天还没生产。到了第 282 天（中位数），有一半的婴儿已经出生；但人数最多的怀孕期，也是最能够当作可能的怀孕期，是 283 天（众数）①。

如果大多数的准妈妈们都逾期两天以上才生，而最可能的生产日是晚 3 天，实在不禁令人纳闷：她们真的都逾期生产吗？如果你看到这里，觉得有点头昏脑涨，那不必觉得不好意思。重点是，近期研究证实的数据是：最常见也最可能的怀孕期是 283 天。我们不晓得为什么在这个案例中众数不受青睐。事实上，最近瑞典有研究发现，即使是简单的算术平均值②也不是 280 天，而是 281 天。

如果不牵涉人工催生，预产期的估计其实并不算重要（虽然晚个一、二、三天，有时会让人焦躁不安、有点沮丧，但对于正常怀孕而言，最可能的预产期在医疗上其实无关紧要）。对于逾期 7 天没有生产的孕妇给予人工催生，在英国国内很常见，有的医生还相当鼓励。但这不但增加了具有风险的剖宫产术次数，对一些期待自然生产的孕妇来说还会有点失望。

当妇产科医生说，与其让怀孕期拖延，人工催生对孕妇比较好时，他们并没有说明，所谓的"比较好"，是指他们用人为的方式解决了准妈妈们逾期生产的问题后，在巡房并问新手妈妈们感觉如何时，她们口中回答的"比较好"。如果你告诉某些孕妇逾期生产有问题，所以进行人工催生，她们会非常感激你帮忙解决了她们的问题。但如果她们知道这个问题根本不是问题，而是来自错误的统计，那么她们的反应则可能刚好相反。

平均值将所有的事物融为一体，这是它有用的地方，也是它骗人的地方。了解了这点之后，要避免落入陷阱就变得很简单。只要记得问："平均值掩盖了什么特殊的风味？锅里面还有什么食材？如果看见彩虹的七彩绚丽，我也要记得，那是白色光线经过折射、反射之后的结果。"

---

① 众数（mode），指一组数字中出现最多的数字。——译注
② 算术平均值（mean），即加总所有数字之后，再除以总数字数所得到的平均值。——译注

大多数人都是中低收入户

　　当权者有时给予平均值名不副实的赞赏,认为它们就等于(或将它们用来表示)"正常""一般""合理"的情况。2005 年英国大选时,自由民主党领袖肯尼迪(Charles Kennedy)在面对平均所得这个概念时左挡右闪、上下回避,宛如在躲老百姓刺出的试探之剑。

　　他的政党主张取消地方税①,以地方所得税(Local Income Tax)取代,依照纳税人的收入来收取税金。他们主张,这个新税制将让有钱人缴纳的税金增加,而大部分人需要缴纳的税金都会减少。接下来大家免不了要问:每年要赚多少钱,才算得上是要多缴地方所得税的有钱人? 当肯尼迪在记者会上支吾其词时,记者纷纷嗅出了其中的蹊跷,在顾问递上纸条协助肯尼迪回答之后,自由民主党可以说是面临了整场选战最严苛的挑战:每户略高于 4 万英镑。

　　这个数字将近是全国平均薪资的两倍,让很多有钱人反而少缴税。所有的新闻媒体都争相举例,由一个领平均薪资的消防员和另一个领平均薪资的老师两人所组成的家庭,在自由民主党提倡的新税制之下必须要缴更多的税。于是肯尼迪的声望直落,愤怒的问题与报道纷纷出笼,诸如:打击一般收入民众的制

---

① 地方税(Council Tax)是英格兰、苏格兰和威尔士地方政府设立的税收,用来支付各种服务,所收取的税额是根据纳税人居住的房屋价值而定的。——译注

度,有何公平性可言? 如果对普通人来说负担更重,你怎么能说对大部分的人比较有利? 可见自由民主党专门欺负英国的中产阶级?

虽然可能有其他反对新税制的好理由,但这些批评所持的立场——打压领平均薪资的中产阶级,其实是建立在错误的理解之上。收入的问题如同怀孕期一样:平均值不在正中央,多数人都偏向一侧。道理很简单,再想一次平均脚数稍低于二的例子,假设没有人有三只脚,那么全世界只要有一个只有一只脚的人,就可以拉低平均值,所以任何有两只脚的人(几乎每个人都是)都高于平均值。一种奇特的风味,改变了整锅汤的味道。

多数人的收入都低于平均值,而少数收入高于平均值的人,可以用脚比其他人多来比喻,他们将平均值远远拉离中间数。把收入比喻为脚数,所统计出来的平均值是很夸张的,因为有些人的收入简直可以说是蜈蚣,把他们加进来与其他人一起计算,其威力足以将平均收入拉高到让大多数的人都成了中低收入户。

因为平均收入被这么拉高了,以致多数人的收入都低于平均值。由两个领平均薪资的人所组成的家庭,其实不是位于全国每户所得排行的中央,而是位于前1/4的地方。换句话说,如果你还记得彩虹的七彩绚丽是由白色光线经过折射、反射之后的结果,从而没有被高收入的新闻名嘴搞昏了头的话,你就会知道,领平均薪资的人已经算是相当富有。原因有二:一、因为平均值已经被少数高收入者远远拉离中间数;二、很少有夫妻俩都刚好领到平均薪资,如果其中一人领平均薪资,另一人的收入通常会明显比较少。如果我们没有把消防员和老师夫妇拿来与其他人相比,不了解他们的收入落于排行的何处,又忘记彩虹的七彩绚丽是由白色光线经过折射、反射之后的结果,当我们发现他们属于有钱阶级时,一定会吓一跳。

如图4.1所示为2005年6月统计的没有小孩的英国夫妇的年收入排行,计算方式是将两个住在一起的人的收入加起来。有一半人的收入在18 800英镑以下(图上标示为中位数),但英国的平均薪资却被少数亿万富翁拉高至23 000

英镑,也就是说,大多数人的所得较平均值少了18%。最高的收入已经落在图片范围之外,必须将该页加宽数英尺①才能容纳。最常见的收入在14 000英镑左右,大约低于平均薪资40%,落在这个收入范围内的人数比落在别处的都多。如果这个结果令人感到震惊,可能是因为我们只熟悉数字较大且常被引用的平均值。从经济的角度而言,很多有关"英国中产阶级"的政治媒体言论根本不晓得"中产阶级"的定义是什么。

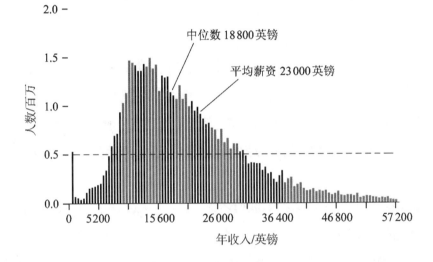

图4.1　英国夫妇年收入

---

① 　1英尺约为30.48厘米。——译注

有钱的巨人

　　荷兰经济学家潘正（Jan Pen）有个很有名的比喻方式，他将全世界人的身高比喻成他们拥有的财富（请注意他比喻的是"财富"，不是"收入"）。每个人的高度都和其拥有的财富成正比，然后排成一列。一个拥有一般水平财富的人，其身高也会是一般高度。整支队伍从最贫穷的（最矮的）人开始排，过了一个小时之后，队伍末端是最有钱的（最高的）人。

　　开始排队后的 20 分钟之内，我们还看不见半个人，因为此时排队的，要不是财富为负值（负债比财产多），就是一无所有的人，所以他们的身高是零。直到整整 30 分钟后，才开始有 10 多厘米高的小矮人出现。然后，小矮人一个接着一个加入，直到第 48 分钟，才会看到拥有平均身高（平均财富）的人出现，但此时，排队的人口已经超过全世界人口的 3/4。

　　是什么延迟了平均值，让它在大多数人口都加入队伍之后才出现？答案是：那些排在更后面的人。潘正写道："最后几分钟，巨人们纷纷现形……不怎么成功的律师，2.5 米高。"当一个小时快要结束时，排在队伍后面的人，高到我们看不见他们的头。潘正说，当时排在最后的是美国石油大亨约翰·保罗·格蒂（John Paul Getty）①，而比尔·盖茨（Bill Gates）和沃伦·巴菲特（Warren Buffett）

―――――――――――

① 其家族靠经营石油致富。——译注

的财产还没有达到全盛时期。格蒂的身高令人屏息，可能有 16 千米高，也可能是这个高度的两倍。

一个百万富翁对于平均值的影响远大于成千上万个贫民，而亿万富翁的影响力则又大了 100 倍。他们的影响力，大到让全世界 80% 人口的财富低于平均值。在日常言论中，每每提到"平均"，往往代表了低下或鄙视。但对于薪资来说，平均值却相当高。日常草率的滥用，扭曲了统计学上的平均值。依据实际排行的情况，统计所得的平均值可能偏高、偏低、位于中央，或与整体不相关。要有足够的数据，我们才能知道是哪一种情况。

癌症存活率
的真相

作家暨古生物学家古尔德（Stephen Jay Gould）在 1982 年被诊断出患腹部间皮癌，这是一种罕见的恶性肿瘤。当时他正值事业高峰，又有两名幼子。古尔德很快就知道这是种绝症，患者经诊断过后，存活时间的中位数只有 8 个月。依照他后来的描述，当时的他如鲠在喉，因震惊而呆坐了 15 分钟。然后，他开始思考。他形容之后的故事（有关统计的），既能滋养生命，又能赋予生命新的意义。

存活时间的中位数只有 8 个月，这个数字不啻为晴天霹雳，但此时应该做的，是回想各种平均值的特性。就像古尔德所了解的，它们并非绝对精准，也不一定能掌握到某些精髓，而是一种简化过的摘要，如果想知道实际内容，就得去看其他要素。

诚如古尔德说的："我们将平均值和中位数当作坚固的'事实'，却将用来计算平均的不同数字视为一组暂时且有缺陷的衡量数字。"而事实是，坚固的事实必定存在于变异里，存在于经过折射、反射之后的七彩霓虹里，而不是存在于原本的白色光线中。要让平均值有意义，一定要探究其他数字的实际状况。有一半的患者活不过 8 个月，这个说法的确没错，但是另一半的人可以活得更久。而古尔德认为，自己被及早诊断，所以很有机会落在活得更久的后半段中。

但中位数 8 个月并没有告诉我们，活得比 8 个月久的那一半，存活时间最长是多久。对最幸运的人来说，8 个月刚好是一半吗？还是说，和最小的那一端相反,最大那一端并没有受限？实际上,这个存活时间的排行,在中位数右方的曲线有一条延伸数年的尾巴,统计学上称为"右偏分配"。所以,如果你能够活过 8 个月,没有人可以确定你实际还能活多久。

看穿平均值的真面目,让古尔德松了一口气。他说:"我不必放下手边的事,立刻依照以赛亚书的训示准备后事。我还有时间思考、准备及奋斗。"古尔德活下来了,而且不只 8 个月,他又活了 20 年。在 2002 年 5 月,他因为另一种不相关的癌症而过世。

相同的偏态,也存在于斯威士兰人的平均寿命分配中。依据 2007 年美国《中情局世界各国报告》(*CIA World Factbook*)①与联合国社会指标(United Nations social indicators),斯威士兰人的平均寿命低得吓人,男性为 32 岁,女性为 33 岁。但 32 岁并不是一个常见的死亡年龄,大多数活过 32 岁的人都可以活得更久。为了要计算平均值,他们与因为缺乏医疗资源而夭折的婴儿被合在一起统计,而这些早逝天使的数量又很多,于是斯威士兰人的平均寿命就被婴儿的高死亡率拉低了。

因此,斯威士兰人的平均寿命就好像一个介于两端之间的路标,不特别指向哪一端。它不能显示出任何事实,只是一种无法令人满意的综合体,把可怕与希望融为一体。其实这只是一种统计上的妥协,不能提供什么信息。而斯威士兰人的真正平均寿命,如果不是只比我们少了几年,就是和我们差不多。事物通常呈现两极化,但平均值把这两极拉在一起。

---

① 《中情局世界各国报告》是由美国中央情报局出版的调查报告,发布世界各国及地区的概况,包括人口、地理、政治、经济、通信、军事和外交等各方面的统计数据,资料由美国国务院、美国人口调查局、国防部等部门及相关单位提供。第一本报告于 1962 年出版,此后每年都出版一本,直到 1975 年才第一次对外公开发行。——译注

无数病人的
漫长等待

既然平均值这么不靠谱,是不是干脆就不要用? 可能不行,因为面对着所有的可能性,有时我们需要一个数字来代表整体。而且平均值也还是可以给人一些启示的,但你得先想清楚,自己有兴趣的是哪一个群体。当我们在寻找一些社会、经济或政治方面的平均值时,我们通常想知道,对大多数的人来说,什么才是合理的;换句话说,对某个群体而言,什么才是正常的。前文已经告诉我们,平均值无法告诉我们这些事实,因为被列入统计的其他数字都缺乏规律性。即使被说成是顽固的猪头,我们还是想知道,即使我们了解不可能以摘要代替内容解释清楚,我们还是选择说了个大概。而且有时那个代表性的大概,还是我们用来评断一个政策成功或失败的依据。

最近的一个实例是,医院等待治疗的名单。政府当局已经为医疗服务设定了一个新目标,依照现行的规定,病人等待手术的时间不得超过 6 个月(26 周)。未来的规定会更严苛,诊所医生将病人转诊之后,他们获得医治的时间不得超过 13 周(约 3 个月)。这种做法等于是刻意将焦点放在漫长等待的那一端。过去的情况是,一旦等待治疗的名单出现长尾,你可能要等上好几年才能够获得治疗。而现在的情况是,直接限制最长的等待治疗时间,把尾端切掉。这件事提醒了我们:只有特定部分(而非整体),可以得到政治的关注。

政府当局大肆吹嘘,说该政策已经使得等待治疗的时间缩短(2006 年 6 月 7

日星期三,英国卫生部发布新闻稿:"等待手术的时间……比以往都短")。虽然最长的等待治疗时间的确大幅缩短,但这些病人只占总等待人数的极小比例,与数百万名等待几个月的病人相比,等待超过两年的病人只是少数人。为了提出令人信服的说法,我们想要知道每位病人的具体情况,想了解大多数人等待治疗的时间是多久。政府常常拿出整体的一部分,把它们说得好像全部一样,这是一种迷惑人的做法。我们该如何找出一个比较令人满意的测量基准呢?

最好的方法是,去问一个差不多位于全部等候者等待时间中间的病人。换句话说,有一半人等的时间比他短,而另一半人等的时间比他久,也就是所谓的中位数。但我们并不打算求得英国境内所有病人的中位数,因为这个工程太过庞大,数字无疑会让人头昏脑涨,我们只求出各大群体的中位数。

比方说,我们在 2006 年底曾经检视过一个基层照护机构,发现整形外科病人的等待治疗时间由 42 天增加到 103 天。在另一个基层照护机构,病人等待的时间由 57 天上升至 140 天。而在第三个机构,则是由 63 天上升至 127 天。

耳鼻喉科病人的等待时间也相去不远,在基层照护机构接受治疗的病人约有 60% 的等待时间和五年前一样长,有些甚至更长。而在一般外科方面,基层照护机构的数字显示,等待时间比五年前更长的情况占了一半以上。此外,在某些机构中(虽然不算多数),等待时间的第 75 个百分位(即 75% 的病人都已接受治疗的时间)都上升了。

我们将数据加以分析的用意是,除非你能够指出"谁",并界定出你的目标群体,否则光说等待治疗时间变长变短是没有意义的。了解最长等待治疗时间的变化很重要,如果要说政府已经成功缩短等最久病人的等待时间也相当合理,但不应扩大为"等待时间减少"。从前两段数据,我们知道大多数病人的等待时间并没有减少。为了得到正确的数据,我们必须利用某种平均值,在这个例子中就是中位数。

此外,有一点值得补充说明,那就是我们在统计过程中意外发现,我们调查的多数医院说不出病患的等待时间有何变化。所以,我们只好借助另一个数据来源——福斯特医师组织(Dr. Foster Organisation)①,因为他们有办法取得医院的原始数据,也有能力消化这些数据。

最后,遇到平均值时,要记得问:我们真正感兴趣的是哪一个群体?在问平均薪资时,也许我们不会想知道金字塔顶端的人收入有多少,只想了解普通人的状况。至于在别的平均值里,除了我们想加入的颜色之外,有可能也会有其他我们并不想加进来的奇怪颜色。重要的是,你得知道什么该统计,什么该剔除,确定自己已经完成了自己想要的组合。平均值是一个概略,有用,但所有的概略都是一个样。如果你不知道它只是个摘要,就会被它误导。平均值——是什么东西的平均值?请记得现实世界的多样性,别忘了彩虹原本是白色的。

---

① 在英国,公众可以从NHS公布的绩效评价指标体系了解40种不同的指标,从而对医院做出判断。但这一体系太过复杂,且难以理解。为方便病人,福斯特医生创建了福斯特医师组织,目的是通过收集这些数据,以更为有效的方式发布看病指南。通过该组织,患者可以详细了解英国各医院的具体情况及其提供的服务,还可以与其他医院做比较,从而能够迅速对每家医院做出评价。——译注

第 5 章　目标的模样——
摸鱼或摸象

个数字只能代表一个含义，所以总有些不足。比方说，你能够选出单一的测量数值来代表你的生命价值吗？用薪水可不可以？对某些人来说，薪水可以显示出他们的价值，但对另一些人来说，只看薪水会有被贬低的感觉。那么，用年龄可以吗？就某个程度来说或许可以，但我们马上就会被问，这些年来你活着的目的是什么？不论以什么数值来衡量，如果只用一部分来代表整体，很可能会变得古怪又好笑。

　　社交与政治生活，正如你我的生活一般，有时丰富、有时平淡，也同样抗拒着被单一尺度衡量，被所定义的单一目标嘲弄。如果你只想说个大概，就得放弃精彩丰富的内容。

　　这正是描述目标的难处，它得想办法用单一数字来呈现五花八门的世界。对付目标的策略，就像对付平均值一样：除了思考它所衡量的是什么之外，也要思考它没有衡量到的是什么。

目标：四小时

　　有个医生被紧急叫到急诊处，她赶到之后发现，有个病人等候病床的时间即将超过四小时的目标[①]。但她也发现，另一个病人似乎更需要病床，于是她提出质疑。但不行，他们要她别管那个病人，因为他的等待时间早已超过时限。当我们要求听众发电子邮件到《或多或少》节目部，告诉我们他们与 NHS "赌一把"的经验时，我们并不知道会收到多么夸张、复杂的案例。

　　再来看另一个案例："我在一家专科医疗院所工作。我们常常接到急诊中心送来的病人。急诊中心认为，病人一旦经过急诊中心处理之后，等于已经获得适当的治疗，他们也就达到了目标。但这些病人本来可以在急诊中心隶属的医院就诊，获得很好的照顾。转到我们这里之后，因为这些病人并不是(老实讲，从来都不是)专科医疗单位的优先病人人选，所以他们不但离家更远，而且还得等上好几天才能够接受治疗。"

　　还有一个案例："我以前在一家医疗机构工作，我的职责之一就是想办法让病人等待看诊的时间归零[②]，以尽可能缩短病人等待治疗的时间。比方说，以前要是有人拒绝我们提供的预约时间，我们就这么做。但自从有了等待时间的目标以后，我们就变成努力找机会这么做，好让等待时间看起来短一点。"

---

① 2002 年 10 月，英国卫生部提出"四小时急救目标"，要求院方必须在病患抵达后的四小时内完成相关的诊疗或处理。——译注
② 如果医院打电话来要求病人隔天报到，那么他们就可以重新开始算等待时间。——译注

盲人摸象

目标哪里有错？主要是它想用一部分来代表整体。类似的问题也出现在印度寓言《盲人摸象》中，其最广为人知的西方版本是由美国诗人萨克斯（John Godfrey Saxe，1816—1887）所改写的：

六个印度斯坦人，

天性好学疑问多，

有天跑去看大象，

虽然他们全都盲，

个个细摸又观察，

心灵满足又充实。

每个人对于大象长什么样子，完全因为摸到的部位不同而产生了不同的结论。所以，他们各自认定大象像：墙（因为摸到身体）、蛇（因为摸到鼻子）、矛（因为摸到象牙）、树（因为摸到脚）、扇子（因为摸到耳朵），以及绳子（因为摸到尾巴）。

这些印度斯坦人，

大声吵闹不罢休，

每人皆有他意见，

态度倔强又坚决，

虽然都是部分对，

加总起来还是错!

如果目标只能显示出整体的一部分,充其量只能够做到部分正确,但完美的情况是,它应该让我们看到一整只大象。不过,老实说,数字罕有这种能耐。医院的候诊名单或是救护车的抵达时间,虽然有其衡量的价值,但即使数字是真的,它们也还是经过人为挑选的,无法说明我们最关心的事情,也就是医疗质量的优劣。没错,病人很快就会有人来查看,但他们是否会因为遇到训练不良、未具相关专业能力、只想达到目标的医护人员而丧命? 救护车派遣中心就真的干过这种事。

目标,以及与它密不可分的绩效指标,都想以单一数字来呈现五花八门的世界。它们想用一种标准来衡量所有的事物,至于那些看不到的、没定义的,有谁会在乎? 对单一事物(包含对单一数字)的偏执,不论以什么面目伪装,都是危险的。对目标及任何单一数字,我们都得好好厘清它们衡量的是什么,不能衡量的又是什么,并理解定义本身的狭隘,才不会被它们所蒙蔽。所以,当短暂的等待时间被用来代表良好的医疗服务,而测量出来的等待时间又恰巧缩短时,应该要有人出来问:"最后的医疗质量,到底好不好?"

之所以不衡量医疗照护质量,是因为没有人想得出精密的衡量方法。在没有办法的情况下,我们只好采用类似的替代方法,但这种方法无法告诉我们真正想知道的事情。这就好比一个实体本身质量欠佳,但投射出来的影子看起来却还不错——有部分对,但整体还是错。

事实的真相

2006 年 10 月，在《或多或少》节目中，我们讨论了急诊室病床等待时限四小时的议题，并发现有一些证据显示，在医生收容病人住院的案例中，有几例只是为了要避免违反时限。也就是说，有些案例通常只是把病人移到走廊过去一点的有帘子的病床上，他们并没有在等待时限之内得到治疗，只是表面上看起来被收容。院方有时可能会以医疗理由将这种行为合理化，而且病人也的确宁愿待在比较舒适的地方等待检查结果出炉。但在其他案例中，病人住院 15 分钟之后又出院，实在令人不禁怀疑，住院是否只是一场闹剧而不是真的需要。所谓的"不过夜住院"数量大幅增加更加深了我们的怀疑，我们认为这种现象可能只是医疗人员为了应付目标所产生的结果。从 1999—2000 年度到 2004—2005 年度，急诊中心的病人人数增加了 20%，但住院人数增加了 40%。

从某种意义上来说，这些行为都不违法，工作忙碌、压力庞大的急诊处工作人员为了响应制度而做的这些决策也绝对是合理的。如果那些医生与护士无法依规定在四小时之内照料每个前来急诊中心的病人，就会因为没有达到目标而受到处罚。权衡起来，让病人住院似乎是次佳的解决方案。因为这样做，病人（最后）可以获得治疗，而急诊部门也达到了四小时急救目标。不过，最近政府引进了一套依成效付款的系统，让医疗质量每况愈下。现在每家医院只要经由急诊处收进一位病人就可以得到 500 英镑，所以现在由急诊处收容病人的好处不光只是达到四小时急救目标,还能够增加医院的收入。给医院更多的补助,NHS 就得扣除其他方面的预算,如果住院是不必要的,这就是资源严重误置。

自从我们提出报告之后,虽然卫生部否认有任何问题需要调查,但 NHS 的主要数据处理机构——医疗与社会照护信息中心(The Information Centre for Health and Social Care)曾在一个公开会议中提及,我们促使他们着手展开调查。一位卫生部官员告诉我们,这些统计信息所发现的变化代表了良好的临床医疗作业程序。如果他讲的是实话,难道这样的临床医疗作业程序是他们希望的吗? 为什么在不过夜住院数量逐年增加之际,政府却设立了定额补助? 真是一种奇怪的认同方式。

我们已经知道有一家医院同意删减向基层照护机构所申请的不过夜住院补助,而另一家仍在协商中。依据伦敦政经学院管理科学教授贝文(Gwyn Bevan)和牛津大学政治学教授暨万灵学院研究员胡德(Christopher Hood)的说法,目前对于目标的信心来自两个"英勇的"假设。第一个假设就是盲人摸象,假设选择出来的部分一定能够有效地代表整体,也就是所谓的"举隅法"(synecdoche)。这是一种修辞学的叙述方法,比方说,"一双手"当然指的就是"一个人",即以部分代表整体。而第二个"英勇的"假设就是,设定目标可以有效地"防止取巧"。

投机取巧的案例

　　贝文与胡德针对医疗服务所设定的一系列目标做了一些重点式的整理。这些目标的用意看似良善,却破坏了其他相关事务,让从业人员拼命达到目标却遗漏了重点,还损害政府在其他方面的资源配置。比方说,在 2003 年,公共行政特别委员会(Public Administration Select Committee)发现,有一家医院以取消或延后眼科复诊病人的预约,来达到新门诊病人预约等候时间的目标,导致两年内至少有 25 个病人因此失明。

及时赶到的
救护车

　　英国政府在 2001 年宣布,所有的救护车在遇到有生命危险的紧急事故(A 级)时,必须在 8 分钟之内抵达现场。此话一出,数字果然大幅改善,或是说,"看起来"果然大幅改善。但所谓"有生命危险的紧急事故",到底该如何定义?在各地照护机构的记录中,被归为 A 级的紧急电话通话数足足相差了 4 倍。在某些机构,A 级的紧急电话通话数只占总来电通话数的 10% ,但在另一些机构,A 级的紧急电话通话数可以高达总来电通话数的 50% 。

　　这足以显示,有些救护车顺便"急救"了他们的反应时间——说得白一点,就是他们说谎了。他们利用数字骗人,但也是数字揭穿了他们的恶行。有人发现反应时间刚好是 8 分钟的数目异常地多,在图 5.1 上形成一个尖峰,而在稍微超过 8 分钟的地方却几乎一条记录都没有。这和一般预期反应时间呈圆滑曲线不符,并不是个可信的状态。甚至还有证据显示,为了达成目标,同样属于 A 级的紧急事故,情况比较紧急的病人有时会比情况相对不急的病人等得久。

　　而急诊处的等待时间,在设定目标后也有急剧的改善,不过也出现了大量的误报证据。贝文与胡德的结论是:"我们不知道到底本来就是如此,还是投机取巧的结果。"顺带一提,基本上,贝文也是目标的支持者,他甚至曾经协助设定过一些目标。他告诉我们,当管理人诚实工作却达不到目标,然后看到别人操弄系统而达到目标并因此获得奖励时,下次就会有强烈的诱因促使他像其他人一样投机取巧,这就是所谓的"劣币驱逐良币"。

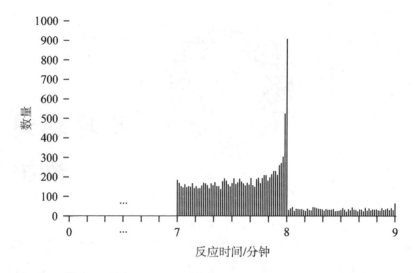

图 5.1 救护车反应时间

嘘寒问暖的医生

　　除了贝文与胡德整理出来的例子之外，还有一些其他例子。比方说，在2004年实施的家庭医生新合约中，为了确保医生至少为每位病人看诊10分钟（这对有需要的病人是件好事），因此提供了奖励。但这项措施也提供了诱因，让医生刻意拉长原本可以简短完成的看诊。有家报纸这样揶揄医生："顺便帮我问候一下贝莉姨妈和她的猫咪"。这个目标的用意原本良善，是为了保障病人能够受到适当的关注，最后却变成用单一的数字来衡量医生是否给予病人足够的照顾。这个数字成为目标，再创造诱因，最后引来大家对于愚蠢行为的质疑。

减少的车祸次数

英国有项傲人的纪录,那就是英国的公路是全欧洲最安全的,我们用车祸次数作为衡量标准。不过,在道路安全的统计数字中,也同样有盲人摸象和投机取巧的问题存在。首先,我们以路上发生的事故来定义道路是否安全,却不去考虑有许多道路已经变成快速道路,行人避之唯恐不及。自动避开危险跟安全是两码事。就某方面来说,道路不是变得更安全,而是更危险,尽管车祸死伤人数降低了。

那么,车祸次数到底有没有减少? 以长期而论,无疑是减少了。但这几年有关车祸事故的数据是否准确,仍有待厘清。政府设定道路事故的目标,告诉警察们,在他们的绩效评鉴当中也包括道路死伤人数这一项。政府宣布在 2010 年之前,车祸总数可望较 1994—1998 年的基准时期降低 40%。自从宣布这项目标以后,车祸次数开始下降,而政府则为这项政策的成功喝彩。

但在 2006 年 7 月,《英国医学期刊》(*British Medical Journal*)报道了一项关于车祸数据的调查。文中指出,根据警方的说法,车祸死伤比例在 1996 年为每 10 万人发生 85.9 次;到了 2004 年,则降为每 10 万人发生 59.4 次。但警方并非数据的唯一来源。《英国医学期刊》的作者们想出了一个好方法,他们将警方提供的数据拿来对照医院保存的记录。在医院记录中,1996 年的车祸死伤比例是每 10 万人发生 90.0 次,2004 年则是每 10 万人发生 91.1 次,几乎没什么改变。

两组数据如图5.2所示。那些作者的结论是：在警方统计的数字中，非致命车祸伤员总数降低，"可能是因为汇报不完整"。

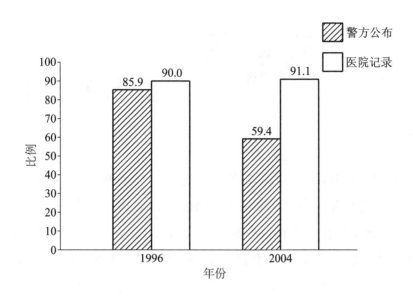

图5.2　每10万人车祸死伤比例

　　警察对于如何记录伤员拥有一定程度的裁量权，而产生大幅改善的似乎也就是这一部分的统计数字。道路死亡人数一般不牵涉统计的裁量权，所以近年来警方与医院的数据持平。自从政府设定目标之后，警方有裁量权决定报告哪些部分，因此事故数字明显地降低，而其他部分则无变化。然而，在其他单位保存的记录当中，该部分的数据并没有呈现同样的变化。所以，车祸真的减少了吗？还是警方为了达到目标，而少填了记录？

提高的回收率

　　我们最后举的这个例子，足以显示投机取巧的普遍性。为了改善落后于其他欧洲国家的回收率，英国政府又设定了目标。然而，地方政府则用欺骗的手段来应付，开始收集废弃物，而这些废弃物是以前从来没有收集过，但却可以轻易回收的。为了让企业增加环保色彩，他们将这些废弃物称为"绿色废弃物"。我们不大知道这些废弃物以前的情况，它们有些可能被焚化了，有些可能被埋进堆肥里了，当然有一些是和其他垃圾一起被丢进了黑色的大垃圾桶里。无论如何，它们现在统一由回收车来收集。因为植物富含水分，所以重量很大（废弃物是按照重量计算），而这点对回收率有神奇的加成效果。我们甚至听说过，很多人在绿色废弃物上洒水以增加重量。问题是，当大家口中提倡要提高回收率时，脑袋里面想的真的是这样的吗？

　　如果这一切导出的结论是，"计量只是浪费时间"，那这个结论未免太过分，因为无论你每天的收入是一元还是一百元，都具有举足轻重的意义。关键是，我们得了解数字本身的限制——它掌握多少我们真正想知道的信息？呈现大象多完整的样貌？把某个数字设为每个人的目标，是否妥当？如果设为目标的话，大家会出现什么样的行为？

检验的重要性

面对目标及其他单一数字时，我们应该持着怀疑、谨慎的态度。可惜我们并没有花很多心力来检验办公部门稽查的各种数字，看它们是否可靠、有没有投机取巧。比方说，我们可以检验有关顾客体验的绩效数据。在 2002—2003 年度，官方数据显示，从 158 个急诊照护机构抽样 139 个进行调查，有 90% 的急诊室病人可以在四个小时之内获得治疗。但针对病人所进行的调查结果显示，只有 69% 的急诊病人表示能在四个小时之内获得治疗。在 2004—2005 年度，官方数据显示，有 96% 的急诊室病人可以在四个小时之内获得治疗，但实际调查显示，这个数据只有 77%。两组数据如图 5.3 所示。

虽然现在已经开始进行许多检验活动，如医疗照护委员会执行的检查，但还应该再进一步扩大检验，如对救护车反应时间进行严谨调查。然而，有关单位却不愿意这么做。目标设立者（政府）和目标管理者都希望数字好看，所以被评论者认为彼此有勾结之嫌。比方说，早期有些等待时间的数字，是政府部门预先向医院打暗号，要他们在短期内做好必要措施以得到比较好的成绩，至于得到数据后的其他时期，就没人管了。大家都知道，这样一来，医院绝对会在评鉴期间调度一切资源来达到目标，评鉴过后就恢复原状。

贝文与胡德指出，目标与绩效指针难以被抛弃，由中央直接管制等替代方案也得不到赞同，所以只能想办法改善现行的方法。如果目标设立者认真地考虑

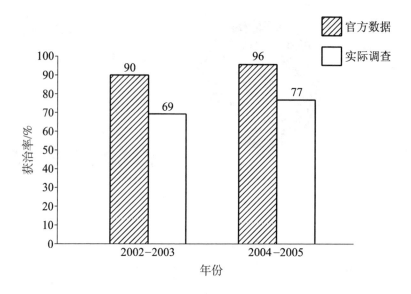

图 5.3　急诊室病人四小时内获治率

投机取巧的问题,那么比较有效一点的方法应该是设计出模糊一点的目标,这样就没人能随便投机取巧。比方说,评鉴的方法是看首次预约,还是看后续复诊?在监测制度中设计一些随机因素,就能够更有系统地维护目标的有效性。

　　最后,贝文与胡德的结论是:"设定目标的制度,很容易因为投机者的操弄而变了调,如果要降低这种风险,就得采取补救行动。"虽然我们设定的目标还没有到达荒谬的地步,不过大概也相去不远了。警察联盟在 2007 年 5 月发表的一份报告中指出,警察们花费太多的时间在追查琐碎的小案件上,因此忽略了更重要的职责,而他们这么做的原因,只是为了要达到逮捕人数或罚款的目标。

　　最近有一份报告出炉,上面记载着:在曼彻斯特有个男孩,因为持有塑料手枪而触犯枪炮弹药管制条例被捕;在肯特有个年轻人,因为向另一个青少年丢掷一片小黄瓜而被捕;在柴郡有个男子,因为"打算拿鸡蛋丢人"而被捕;还有个学生,因为"骚扰警用马匹"而被罚款。这些可笑的执法行为,都是为了要提升警察绩效产生的,难怪犯罪率"看起来"有上升的趋势。

　　很多问题都起源于不了解测量不是被动的,它会影响被测量的对象。我们每天都会听到很多测量数字,如果过度曲解,将会扭曲整个世界,让它变成我们意想不到的样貌。数字是单纯且真实的,但统计从来都不是。数字本身的限制无损于任何方式的统计,但如果忘记了这个限制,你透过数字所认识的世界只能是一幅真实的海市蜃楼。

第6章 恐惧有多大，
风险就多大

数字具有神奇的力量，能够分担我们在日常生活中的忧愁——我会是其中之一吗？ 如果我这么做会怎样？ 如果我不这么做，又会怎样？ 这个时候，概率可以派上用场。

但这股神奇的力量，却因为人们的惯性思考及媒体对于风险与不确定性的报道方式而被滥用。

在日常生活中，我们常常可以看到只引用单一数字的报道，如："增加42%的风险。"但你想知道的是："我会是其中之一吗？"然而，只有这个数字无从判断，于是你与恐惧奋战，进退两难。 你手中掌握的宝贵情报只有一个数据，而且还是个逐渐攀升的百分比，一点帮助都没有。

只要事情一不确定，我们的内心很容易就会产生狂风暴雨，但很多有关公众和专业的数字居然可以模糊到离谱的地步。 无怪乎每当冰冷的数字遇上个人恐惧时，常会造成相反的力量，让恐惧无限扩大。

其实概率不必如此吓人，把数字套用到个人身上往往很容易，不这么做的原因应该是难以启齿。 一旦做到了以后，我们通常会发现，关于风险的各种官方或科学说法根本没有提供任何有用的信息。

想要运用数字的神奇力量来分担我们对于风险与不确定性的忧愁，方法其实很简单。 回归到我们一开始所用的方法：把它个人化。

喝酒与乳腺癌

"妇女每喝一杯酒,患乳腺癌的概率会增加 6%。"

这是 2002 年 11 月 12 日英国广播公司新闻频道的新闻快报,根本就是一派胡言。而你很容易就知道为什么。如果这句话是真的,每位有饮酒习惯的妇女以及许许多多喜欢偶尔小酌一杯的人,在圣诞节之前就会患乳腺癌。每喝一杯酒,患乳腺癌的概率会增加 6%,以这种速度累计,只要在一生中大约喝下 7 瓶酒,乳腺癌保证就会找上你。

但人生没有多少事会这么确定,乳腺癌也是一样。没想到如此荒谬的言论竟然上了新闻头条。还好观众不像执笔记者那么好骗,这只是另一则被数字糊弄的报道,在发布之前就应该被揪出来。这个数据到底代表了什么? 它的确显示出酒精与乳腺癌的关联,但我们每当看到风险增加时,第一要务就是试着平息恐惧,把注意力集中在数字上。首先,应该要问一个最简单的问题,也是我们最喜欢的老问题:"这个数字大不大?"

这个问题的研究是由牛津大学一个团队所主导,其结果由英国癌症研究组织(Cancer Research UK)[①]发表:

[①] 该组织成立于 2002 年 2 月,是英国第一个研究癌症及宣传防癌知识的慈善机构。——译注

一项针对妇女烟酒消费行为的全球最大型研究显示,妇女患乳腺癌的风险,将随着每天喝一杯酒而增加6%。

依照这句话,每天喝两杯,就会增加12%的风险,这就是大多数新闻媒体报道这项研究结果的方法。没错,的确会增加6%,但这是指"每天"喝一杯的情况,而不是指"每"喝一杯的情况,只差一个字,意义大不同。即使这个数字是正确的,仍然毫无意义,因为我们看不出风险到底有多大。除非我们能够知道基数,否则光知道变化多少,一点用处也没有。

为什么我们需要两个数字来比较?想想看,有两个人正在赛跑,其中一个的速度是另一个的两倍。头条新闻这么写:"弗雷德的速度是埃里克的两倍"。但这个人的腿功真的了得吗?换句话说,在上述这个例子当中,就是风险高不高?如果只知道他们两个人之间的差异,我们还是不知道他们跑得有多快。可能两个人都是以龟速在行进着,弗雷德在逛大街,而埃里克则是摇摇晃晃、一拐一拐,脚上长了水泡,昨晚喝了酒现正在宿醉中。也可能埃里克是个知名的善跑者,而弗雷德则是世界纪录保持人。如果只知道相对差异(一个是另一个的两倍)而不知道其中一个的水平,仍然抓不到重点。同样,如果我们对风险所拥有的信息只有差异度(一个比另一个增加了6%),而不知道比较的基数,我们对于两者还是一知半解。

很明显,同样的比率,因为基数的不同,最后所产生的数字可能会相差十万八千里。令人吃惊的是,力求专业公正的新闻报道,却常会遗漏最初的基数或是最后产生的数字,只告诉我们两者的差异度。

"被拦截搜查的亚洲人增加到4倍","伦敦区的少女怀孕比例上升50%"。问题是:被拦截搜查的人数是由上一季的1人增加到本季的4人(仍属于正常的变动范围),还是由100人增加为400人(显示警方的大动作办案,以及政策的改变)?怀孕少女的人数是由去年的2个人上升为今年的3个人,还是由2000人增加为3000人?电视益智节目《超级大富翁》(Who Wants to Be a Millionaire)的观众都知道，下道题答对奖金加倍的金额，取决于参赛者目前已经赢得的奖金。"参赛者的奖金加倍"，其实并没有告诉我们什么。

为什么新闻有时只用一个数字（即差异度）来报道风险？"喝酒的人会增加6%的风险！"是什么的6%？基数是多少？现在又是多少？无论记者认为他们说的是什么，这些报道都只是随数字起舞的结果。那么，这个乳腺癌的数字到底有什么意义呢？有两个方法可以解释，一个比较正式（你可以跳过不看），另一个比较亲切。首先，我们来看正式的方法。我们得先知道风险的基数，即不喝酒的女性患乳腺癌的风险——大约有9%的妇女，在80岁前会被诊断出患乳腺癌。知道这个数字以后，我们对于饮酒者增加了多少风险就能够有比较清楚的概念。风险基数9%这个数字相当小，增加了6%还是很小，就像散步的人增加6%的速度也成不了飞毛腿。

如果精确计算一下，可以算出基数9%的6%是多少——9%乘以6%，得0.54%，这就是每天喝一杯酒会增加的额外风险。或者说，每天喝两杯酒可能会增加1%的风险。实际上，这样分析还是有很多人不是很了解这个数字的真正含义，因为数字对某部分人来说是非常令人头痛的东西。有项调查曾经询问一千名受访者："40%是什么意思？（a）1/4，（b）4/10，（c）第40个人。"大约有1/3的受访者答错。你可以随意问一下你身边的人："9%的6%是多少?"他们的答案绝对会让你感到沮丧。

为了上头条,
姑且吓吓你

在上述研究结果成为各大新闻头条两天后,《卫报》(the Guardian)一位头脑清晰的家庭保健版编辑伯赛利(Sarah Boseley)写了一篇文章名为《半品脱①的恐惧》(Half a Pint of Fear):"昨晚,有多少人在倒葡萄酒或烈性杜松子酒时,不曾瞬间闪过一个念头:我这样做,是否会得乳腺癌?……一定会有些女性,因此立刻戒酒。"为什么? 她继续写道,只因为她们被 6% 这个数字吓到。而事实上,每天一杯酒所能造成的变化不应该用如此惊人的方式来呈现,除非媒体报道的主要目的是让民众恐慌。

我们的兴趣不在倡导,而是要把真相说清楚。所以让我们重新开始,这次不再放大风险,也不再使用整体的百分比,只谈论"人",一如记者们该做的。有个比较简单的方式可以补充这些报道遗漏的真相,并且让我们检视每天喝两杯酒的效果,而不是一杯,这是为了让数字变成整数。"每 100 位女性中,平均大约会有 9 位患乳腺癌。如果她们全部每天喝两杯酒,则大约会有 10 位患乳腺癌。"就这样。

新闻报道只提到风险增加了百分之几,被弄乱或忽视的信息全都在前文清楚地揭露了。你很快就了解,在每 100 位每天喝两杯酒的妇女当中,大约会多出

① 1 品脱≈0.57 升。——译注

094

1 位乳腺癌患者。虽然 1% 听起来只是一个小比例,但因为英国人口数庞大,所以乳腺癌患者的数量还是会有相当可观的增加。我们的目的并不是要引起民众对于癌症的恐惧,也不是要民众漠视癌症的风险。正因为癌症很可怕,所以将风险以大多数人能够了解的方式呈现便十分重要。否则,我们只好任由新闻报道宰割,在忙碌了一天想要稍微休息一下时,它们却像隔壁的恶邻一样用一副尖酸刻薄的语气说:"你,不会真的那么做吧?"也许你真的不是想要那么做,但你有权利了解真相,自己做决定。

每百人中受到影响的人数,这种表达方式跟百分比差不多,但是比较具体,也比较有用。它也是大家数数的常用方式,所以直觉上很容易理解。用这种方式来讨论差异,比较不容易陷入百分之几的泥沼中。此外,如果你认为我们夸大了许多人解读百分比的难度,在下面的段落,你会看到即使是受过医学统计训练的内科医师,在解读病人检验结果的百分比时同样会犯下惊人且不必要的错误。

每多少人中有几人受到影响,这种表达方式可以被广泛运用,但事实上却没有,记者和研究组织选择用比较模糊的方式来呈现数据。当我们可以明白地告诉别人信息时,为什么这两种人往往宁愿选择用最抽象的字眼来谈论风险?我们不禁怀疑,那是因为唯有如此,才能够使看起来"较大"的数字(6%)引起恐慌,而"0.54%"或是"每两百位妇女当中,有一人会因为每天喝一杯酒而患乳腺癌",这样的陈述威力不够大。较大的数字可以得到研究奖金和卖点,对报纸来说也是一样。

关于这点,有一种标准的辩解是:我们并没有说谎。话是没错,但我们希望癌症研究慈善机构能够提供更有启发性的信息,报纸及新闻媒体能够传达对人民更有益处的消息,而不是随便说个专业的数据来恫吓大家一番。不愿意把话说清楚的情况在公布日常生活的保健风险时仿佛变得更明显,而这不只是记者的习惯而已。事实上,有些国际统计指南就提出警告,要数字使用者对于未经证实的风险数字持以谨慎的态度。在这个乳腺癌风险的案例中,英国癌症研究组织似乎并未察觉,或是刻意忽略了这些指导方针,而偏好比较耸动的新闻稿。我们与受过正规训练的记者谈话后发现,没有一个记者曾经接受过使用风险数字的指导。

手机与脑瘤

2005 年 1 月,英国国家放射防护局(National Radiological Protection Board)局长宣布,一项针对手机的新医学研究指出,为了降低风险,孩童应该避免使用手机。毫不意外地,这项宣布又引起各大媒体沸沸扬扬的报道。局长发表的建议引自瑞典卡洛林研究院(Karolinska Institute)的一篇论文,该文指出,长期使用手机与较高的脑瘤风险(称为听神经瘤)有关。但风险到底有多高? 新闻中指出,手机会让风险提高到两倍。

又来了,几乎没有一则报道提到风险基数,或是依照人类数数的直觉去计算一下风险产生的病例数。在所有全国性报纸与电视新闻节目中,我们只找到唯一的例外,那就是英国广播公司网络新闻的一则报道。风险提高到两倍听起来好像很严重,可能吧! 但就像前面两位跑步者的故事一样,两倍快也可能是龟速赛跑。

关于手机与脑瘤,你可以先从认识这些肿瘤不是癌症开始。它们会长大,但只是有时候会,而且速度通常很慢,或是在大到某种程度时就停止。这种肿瘤造成的问题之一是:当它们持续变大并压迫到周围的脑组织或听神经时,才必须予以切除。该研究指出,这些肿瘤在正常使用手机的情况下,至少 10 年后才会出现。在你掌握了所有的信息之后,记得问那个最简单的问题:"这个数字大不大?"要了解比较的基准。

事件爆发几天后,我们访问了最初的研究人员之一——卡洛林研究院的费克廷(Maria Feychting)。她告诉我们基数是 0.001%,也就是说每 10 万人约有 1 人,这是一般不使用手机的人会患听神经瘤的概率。在正常使用手机 10 年后,所谓的两倍风险就是 0.002%,也就是说,每 10 万人约有 2 人有可能患听神经瘤(但如果测量比较常用来听手机的那只耳朵,概率可能会更高)。所以,定期使用手机可能会让使用者增加 0.001% 的风险,或者说手机族每 10 万人当中多 1 人可能会长瘤。

　　费克廷会不会禁止自己的小孩使用手机?并不会,她宁愿知道他们身在何处,可以打电话给他们。她也提出警告,表示研究结果是暂定的,因为研究的规模很小,一旦扩大抽样,可能会产生不同的结果。她表示,事实经常如此,这类风险似乎会随着更多证据与更大型的研究而缩小。

　　两年以后,全球性研究团队再度调查无线对讲机对健康的影响,卡洛林研究院也参与其中。这次研究提出了另一份报告,利用更多样本取得新的结果,最后指出:没有证据显示,患听神经瘤的风险会因为使用手机而提高,稍早研究结果的数据纯属统计上的偶然,在这次较大型的研究中已不存在。

　　从我们看过的许多例子可知,疾病风险、犯罪率、车祸比例等各种概率,有很多数字的百分比升降都有一样的问题:深受搜证方法的影响。因此,往后我们再看到各种风险数字时,可以做出以下反应:把增加的百分比当作之前两个跑步者之间的差异,当有人告诉你风险提高时(其中一个跑步者以惊人的比例遥遥领先),一定要记得问:另一个跑步者的速度有多快(也就是基数是多少),不要被差异度所骗。最理想的情况是,报道风险应以人数的统计为依据,就像人类数数的直觉一样,尽量少用百分比来表示。应该鼓励新闻官员也这样做,然后我们就可以问:增加的风险会在每百或千人中影响到多少人?

伪阳性与伪阴性

风险只是不确定性的一面,它还有另外一面同样令人感到迷惑,也同样与个人息息相关。假如你是个每天为生活打拼的辛劳市民,在外奔波了一天,好不容易晚上可以休息一下,半夜眼睛却睁了个老大,辗转难眠,因为外面有个人的车子警报大响。这时,如果你想要狂飙不是文明人的字眼,没关系,我们了解你的感觉。即使你心里想"要是他不马上起来解决问题,我就拿球棒找他算账",我们也还是能够理解你的感受。

警报响了很久,告诉你有人入侵车辆,而你从过去的经验中得知,这警报器笨得无法分辨究竟是小偷入侵还是停在旁边的摩托车引起振动。这刺耳的声音在你听来,仿佛是在催促你采取正义复仇,但在统计学家的耳里听来,却是伪阳性(false positive)的迹象。伪阳性就是告诉你某些重要的事情正在发生,但实际上并非如此的现象。也就是说,检测完成了,结果为"是",但这个结果是假的,因为事实是"否"。所有的检测结果,都有可能会出现伪阳性的反应。

当然,也有可能会出现相反的风险:伪阴性(false negative)。它与伪阳性刚好相反,告诉你结果为"否",但事实却为"是"。在你一夜好眠醒来之后,居然发现车子被偷了,而该死的警报器连响都没响。伪阳性与伪阴性的形式五花八门,我们在前面看过的癌症群集可能就是一种伪阳性,只要它们牵扯到医疗,通常就会惹出一大堆麻烦。民众做完检查之后,结果显示他们有或没有患疾病,但有些检查结果却是错误的。检验的准确度通常都以百分比表示:"这项检查的结果,有90%的可靠度。"有时医生和病人一样,在解读这句话时,经常会感到困惑无助。

心理学家吉仁泽(Gerd Gigerenzer),是柏林马克斯·普朗克研究所(Max Planck Institute)适应行为与认知中心(Centre for Adaptive Behaviour and Cognition)的主任。他要求一群内科医生告诉他:如果进行乳房X线检查,对于"真正"患乳腺癌的被检查者正确概率是90%,而对于"可能"没患乳腺癌的被检查者正确概率是93%,那么当检查结果是阳性时,被检查者真正患乳腺癌的概率是多少?他还提供了一条重要信息当作参考:在40—50岁受测的女性当中,约有0.8%患有乳腺癌。在24位内科医生当中,只有2位正确算出病人真正患乳腺癌的概率;有2位的答案与正确解答十分相近,但推理错误;而大多数的医生不但答错,而且还错得离谱。可见百分比不仅让普通人迷惑,也让专家糊涂。

有相当多的医生假设,因为检查结果有90%的准确度,所以阳性结果表示被检查者有90%的概率得病,但大家的意见分歧很大。吉仁泽评论:"如果你是病人,被这么多不同的意见吓到也是情有可原的。"事实上,在这个假设下,10件阳性结果的检查中约有9件为伪阳性,病人根本没有患乳腺癌。为什么呢?我们再看一次问题,这次用比较亲切的说法来解释,即每多少人中有几人。

假设有1000位40—50岁的妇女,根据吉仁泽所提供的参考信息,有8个人已患乳腺癌。不过,她们的检查结果报告(这是一次相当准确但非完美的检查),只有7个人的检查结果是阳性(90%正确率)。其他992位妇女虽然没有患癌症,但请记得她们的检查结果也不准,大约会有69位的检查结果呈现阳性反应(93%正确率),这些检查结果属于伪阳性,也就是她们实际上并没有患乳腺癌。

现在,很简单就可以看出,总共大约会有76个阳性结果(真正的阳性与伪阳性混合在一起),但只有大约7位妇女的结果是正确的,这表示检查结果是阳性的妇女真正患乳腺癌的准确度很低,不像大部分医生想的那么高。吉仁泽指出,癌症检查结果错误的后果相当严重,可能会造成被检查者情绪低落、增加财务成本、进一步检查、进行乳房切片,甚至有少数不幸者误遭切除乳房。吉仁泽主张,这些不幸的后果至少有部分是由于太过相信准确度至少90%的检查报告。如果医生告知病人检查结果是阳性时能够进一步说明检查本身的缺陷,起码可以舒缓病人的沮丧情绪。这种过度相信检查结果的态度从何而来? 有部分可以归因于报告中所使用的数字不符合人类数数的本能。

看待数字的
正确态度

　　不确定性是生活的一部分。数字本身具有精确的含义,但有时我们使用数字的方式,却仿佛它们已经克服了生活中的不确定性。鉴于此,我们必须建立一个正确的态度:有许多数字是不确定的,我们不应该用它们来对抗不确定性。即使准确度是90%,仍然藏有比想象中更大的不确定性。这足以当作一则明训。我们从日常经验中得知生活是不确定的,不应该期待数字能够改变这个事实。如果小心使用,数字可以澄清不确定性,但无法击败不确定性。

　　除了要约束过度解读数字的习惯,我们也得避免落入另一个极端,即企图扬弃全部数字的想法。不完全准确并不代表数字一无可取。实际上,大多数的阳性都是伪阳性,但这并不表示该项检查不好。就算准确度不及90%,至少它缩小了患乳腺癌的可能性的范围,检查结果为阳性的人患乳腺癌的概率虽然不高,但比检查之前要高一点。而检查结果是阴性的人患这种疾病的概率,比检查之前又低了一点。

　　因此,不确定并不代表全然无知。数字虽然不能让我们完全确定地知道,但却可以缩小我们无知的范围。能够预知部分命运已经是项了不起的成就,我们必须学会应用数字的神奇力量来分担我们在日常生活中的忧愁。此外,我们还得尽量求得正确的数字,无论看上去是否可能。有数不清的证据显示,如果我们能够使用比较亲切的方法来解释事物的实际情况,避免用百分比,就能让大家比较容易做出正确的判断。

重要的不是数字的对错,因为它们往往会出错;重要的是它们是否错到会误导我们的判断。统计学上的标准做法是:虽然我们可能连某个数字到底是太高或太低都不知道,但大家会先预估数字出错的程度。把估计值加上可能的误差大小是预防数字出错的最好办法。一般的惯例是,先标明估计值会落在哪个范围,而此范围正确的概率可能为95%,这被称为置信区间(confidence interval)。就算有了95%的置信区间,仍旧有5%的概率会出错。这种谨慎看待数字的态度经常被新闻媒体所忽视,从业人员通常因为节目时间不够或认为没有必要告诉观众这些而只报道靠近中央的一个数字,导致我们不知道它究竟是个让大家信心溃散的篮外大空心,还是一个终场扭转局面的三分球。

我们指责统计人员把事情过度简化,把世界转换成一堆数字,但统计人员非常清楚他们的数字有多粗略、多不可靠。反倒是其他人在使用数字时做出了最坏的简化。凡是只报道单一数字、轻视不确定性的专业人员,都制造了愚蠢的妄想,而自重的统计人员绝不会落入这种妄想中。统计是处理不确定性并让它产生意义的活动,并非旨在创造确定性。统计人员通常会坦白承认他们的怀疑,我们也应该要比照办理。

如果你已经了解我们强调的态度是什么,在看一个数字时,你就会记得问:"它们有这么精确吗?"而答案往往是:它们可能不是,也无法做到精确,但新闻报道为了力求简洁,把所有的怀疑都扫到地毯下藏了起来。如果新闻报道中某个地方忽然蹦出不确定性,那倒是值得我们好好了解一下,它究竟想要表达什么。

如果我们能够接受数字并不是预言家的事实,知道它们永远无法告诉我们每一件事,却可以让我们知道某些事情,那么数字还是保有惊人的力量,能让我们估计命运中某些事情发生的概率。数字的表现可能不尽如人意,但它们所提供的信息,如喝酒对乳腺癌的影响等,仍然值得注意。由生活中的各项因素找出酒精对健康的影响已经是一项浩大的工程,而成就这项工程的医学调查更是处理了庞大的信息量。既然已经付出了这么多的心力,如果不能恰当地使用数字,审慎了解它们所要传达的含义,那简直就是刻意糟蹋别人的心血结晶。

第 7 章　乱抽样，当然不像样

探索数字的源头，你会惊讶地发现，成千上万的印刷品及传播媒体中的数字都例行性地敷衍了必须做的工作。

想要了解数字的价值，你必须先了解它们是如何搜集得来的。我们每天接触的数字不计其数，有些是可靠的，比方说，经贸规模、英国的生产力、物价上涨率以及就业率等；有些是有争议的，比方说，伊拉克战争的死亡人数、艾滋病病例数以及移民人数等。鲜少有人知道，制造这些数字，其实是有快捷方式的。

这些数字的起落是各大新闻媒体的卖点，但统计它们的方法其实并不完善。比如某个数字只统计了一部分就假设它们代表全部，然后再依比例放大到全国的规模。

但愿这样的样本是百万统计数字的精髓，就像诗人眼中的水滴倒映出整个世界的缩影。不过，被统计到的部分必须能够确实反映出没被统计到的部分，否则全部的努力都只是白费功夫。所以，究竟该统计哪些部分？一旦选错，样本便会扭曲而反映出错误的事实，导致许多重大基本数据的误差被放大。

英国的移民人数

寒冷的清晨，一群官员聚集在多佛尔码头边正在计数，而且是急速地计数：他们在写字板上草草写下的数字，将成为其他人得出重大结论的依据。有些人说英国若要繁荣就需要更多的劳工，另一些人则说这会危害英国的生活方式。这些官员正在计数的或者说正在进行抽样调查的，就是移民人数。

民众对边境统计官员的认识与了解，来自头条新闻的一个数字：2005 年净移入人口大约有 18 万人，即每天约有 500 人。新闻有时还会添油加醋，描述他们的来处、年龄、单身还是带有小孩等。虽然用数人头的方式来产生数字看起来应该是再简单不过的程序，但国际旅客调查处（International Passenger Survey）的官员每天却要面对将人用数字来表达的困难。他们很清楚人的不稳定性，尤其是正在移动中的人更是如此。而且，他们只能抽样调查整体的一小部分。

在沉郁的阴天，身穿蓝色西装外套的调查团队开始统计渡海的出入境人数。这些调查人员渡过英吉利海峡，在登上渡轮的乘客中穿梭，从免税商店的柜台深入到卡车司机的淋浴间，设法厘清民众为何及如何过境的各种可能。问题是，要知道旅客是永久出入境，还是为了度假、搭乘邮轮或是趁空档年（gap year）①去

---

① 在欧洲，高中毕业生进入大学之前会有一段中断学业的"空档年"，大都是一年，让他们有时间探索世界、体验人生。——译注

探索世界而出入英国,除了直接开口问之外别无其他办法。在世界各地旅行、追求新生活、找工作、结婚或退休的人潮也一样。无论是"流入"英国的人,或是英国"外流"到全世界的人,都要看你如何解读这些数据。只要搭船,都可能被抽样并加以记录,就算你躲在自动贩卖机旁、正在吃羊角面包,或是差一步就踏进女厕,都逃不掉。

"等等!穿休闲西装裤的先生!对,在救生艇旁边那个!你要去哪里?"就这样,他们发现了人类迁移的流动轨迹。事实也可能不是这样,因为实际执行起来困难多了。首先,国际旅客调查处并无实权,人们根本不必回答他们的问题(所以他们非常客气,话说回来,无礼或没耐心的人根本做不了这份工作)。还有,因为时间不够,他们无法统计并询问每一个人,只能够采取抽样调查。为了避免挑出的 20 个人全都基于同一个出行理由,他们在抽样时必须尽可能地随机挑选。

于是在旅客离港前,他们会站在各处,快速记录每第十名旅客的特征:背帆布袋的、看起来像难民的、穿着套装的、好像要去玩的,希望稍后能够找到他们,进行礼貌的询问。不过,接下来有好几百个要去参加世界童军大露营的童子军上船了,调查小组本来以为可以借由领圈的颜色辨别他们,殊不知童军大会已经发给所有的童子军一个全新且一模一样的领圈。虽然这些小朋友都是要去同一个地方,也都会再回来,但调查小组还是有义务要询问他们。相同领圈衍生出来的风险,对所有的统计工作来说都是一种不可知的变量。

渡轮载着乘客启航,调查小组也出动了,他们就像矮树丛里的针鼹鼠,四处寻找猎物,而且期望他们会说英文。"我在找一位胖女士,她穿着涡纹衬衫,围着一条蓝围巾。""喔!我猜刚才在酒吧点杜松子酒加酸橙的那个人就是她。"她被锁定了,调查人员在匆忙中带着威严,终于把猎物逼至墙角:"对不起,我正在执行国际旅客调查。您愿意回答几个问题吗?"她爽快地说:"当然可以!"不过也有可能碰上比较无礼的拒绝:"不,我很忙!"随着这句话,可能就漏失了一位著名金融家的移出记录。大约有7%的人拒绝回答,有些人则诚实地表示自己要永久出入境,接着在3个月后又改变主意,说要逃避当地的天气和食物。

国际旅客调查处每年上船或在机场访问大约30万人,根据他们的抽样调查报告,2005年大约有六七百人是移民,这个数据只占了出入境人口的极小部分(不过近年来,他们开始在希思罗机场以及盖特威克机场特别针对移民进行额外的调查,以补充例行性的抽样调查资料)。负责制定利率的英国央行(The Bank of England)总裁默文·金(Mervyn King)有充分的理由必须知道劳动力有多少,他认为这套制度"完全不行"。

抽样的本质

　　抽样是真实世界中的统计方式，它根本不科学，也并不精准。我们对于执行此项工作的人毫无不敬之意，但在某方面来说，它实在是荒谬可笑。搜集资料时你常会觉得有些困扰：人群的混乱、侥幸和判断能力。只看整体的一部分永远都有误差，而我们只能通过这些样本做推论。在人生中的许多重要领域，无论统计人员有多么煞费苦心，被统计的对象总是习惯性地替他们找麻烦。想要透过数字掌握世界，远比我们所希望的还要难以实现。

　　但时间并没有被白白浪费。虽然数据有缺陷，但总比完全没资料好。数据可能不够充分，但不付出高额代价就想有所改善并没有那么容易。关键在于要理解数字隐含的不确定性，并以正确的态度细心处理，而不是加以人为操控。很少有人知道，公开的数据其实来自样本。国家统计局的网站首页刊登了各式各样有关经济、人口及英国社会的数据，其实这些数据几乎都是根据抽样结果推算出来的，只有一项是逐一统计的：

　　今年官方统计的新生儿命名数据显示，女婴的名字有重大改变，奥利维亚和格雷斯的排名往上蹿升，和杰西卡分居前三名宝座。男婴的名字则和前几年一样，杰克、托马斯和乔舒亚，持续蝉联最受欢迎的男婴名字宝座。

　　每一个名字都有记录，而且加以统计，政府收支的大略数字也是。但是随便挑一天，就挑我们写作的这一天好了，其他刊登在网页上的每一个数字（包括十几个最基本的经济和社会统计数字），都是依据抽样结果推算出来的。许多例行性的数字，如通货膨胀率、税赋或福利数字，其样本数大约是 7500 个家庭，或者说大概从每 3000 户中抽出 1 户。

我们无法避免这种估计，因为光是统计人一生中发生了多少事就要花上一辈子的时间。要统计的事物太多，而可以精确统计的事物太少。由于昂贵、不便、不可抗力等因素，如果不靠抽样，即使只统计最重要的数据都不大可能。但抽样有其潜在的风险，作为整体数字推算的起点，我们必须知道样本的分布范围，以及它们可能会出什么错。

英国的刺猬数量

全国刺猬数量调查,自 2001 年起展开。刺猬甚至比害羞的民众更不合作,它们会刻意躲藏。如果想在野外统计它们的数量,除了围捕、搜索栖息地、在它们脚上套环,并且不论死活都算,似乎没有其他可靠的方法。据说英国的刺猬数量正逐渐减少,我们是怎么知道的? 可以问猎场看守员,最近看到了几只,比去年多还是少,也可以用这个问题进行意见普查,但答案取决于民众的印象,而且容易流于飞短流长。我们想要的是更具体的数据,该怎么做才好?

2002 年,刺猬数量调查扩大为"路上哺乳动物数量调查"。这项调查的结果可能会让喜欢刺猬的年轻人作呕。调查在每年的 6—8 月进行,正值哺乳动物迁移的时节,为了测量它们的活体数量,工作人员统计在柏油路上有多少被压扁的残骸。依照逻辑判断,野外的刺猬愈多,丧命在路上的数量也会愈多。如果刺猬的族群很小,这种被压扁的情况应该很罕见;相反地,如果族群很大,这种情况则会比较常见。

你有没有看出这个方法的漏洞? 这项调查统计的,到底是刺猬数量还是车流量? 就算刺猬的数量很稳定,来往的车辆愈多,被压扁的刺猬也会跟着变多。或者,如同《或多或少》节目的聪明听众所指出的,横死在路上的刺猬数量变少,会不会是它们随着环境变化变聪明了? 它们现在是否已经能够懂得交通规则,当发现危险靠近时不再蜷成一团,反而会快速逃逸,以超过调查团队所能理解的方式又活过一天？也有可能是全球气候变迁改变了刺猬的习性，让它们变得很少在那 3 个月中走在柏油路上。

最近一次的路上哺乳动物数量调查结果显示，在英格兰与威尔士调查到的动物平均数量一年比一年少。2006 年，在苏格兰调查出来的数字更是远低于初期的数字。在英格兰，又以东部、东米德兰地区和西南部减少得最多，没有人知道个中原因。这项调查给了我们一个启示，我们常用错误的逻辑来思考问题，所以总是得不出正确的答案——它不但是差劲的样本，而且还招致错误的解读。然而，即使有这么多潜在的缺陷，这已经是我们在这种情况下的最好做法。在大多数时候，我们不曾思考："这个数字是怎么得出来的？"我们被唾手可得的数据宠坏了，以为所有数据的取得都很容易，其实不然。

但你可别以为会有什么明确的方法可以统计出正确的答案。就是因为很难得出整体的答案，所以我们才会寻求了解部分的方法，然后相信之后的推论与猜想。我们从庞大的信息量中随机抽样来推算整体，就好像期待能从消防栓中喝到水一样。事实上，和统计抽样相比，从消防栓中喝水还比较容易。问题是，你要如何确定你喝下去的水，和其余的水一样？如果它们都一样，那当然很好，但如果每滴水都不同，你该怎么办？

虽然统计用的抽样方法会尽量准确地从整体中取一小部分具有代表性的样本来推算，但常常导致失败。如果抽样到的压扁的刺猬全都属于命该如此的少数，已经快被进化淘汰，而且数量远远少于快速逃逸的刺猬，那怎么办？如果真是这样，我们推算出来的数字将会有严重的偏差——只统计蜷缩族（数量减少），没统计快闪族（数量增加）。当然，这完全是个假设，但谁又知道事情的真相？

英国的经济
增长率

　　抽样偏差不是个假设,它的确发生在新闻头条经常出现的一个数字上:英国的经济增长率。英国央行、财政部、政治人物、商界、经济研究机构和时事评论家们,通常会理所当然地接受这个数字的权威性,它是由国家统计局严谨汇编后所公布的。这个数字会让政府颤抖,它是所有经济预测的参考点,也是衡量经济成败的标准,以及繁荣与衰退的记录。这个数字也是抽样调查的结果,而且是英国国内系统偏差的好实例,因为它忽略了经济体中最可能快速增长的部分。结果近十年来,我们一直相信,英国的成就不如美国。但实际上,英国的表现可能不比美国差,反而比他们好。

　　在英国,要看出新兴企业的增长非常困难,除非看到它们的所得税申报书。它们被算进官方数字需要等待非常长的时间,大约要在国内生产总值数字公布两年以后才会被算进去,慢了不只半拍,简直是遇到休止符。所以最初公布的国内生产总值并没有纳入经济体增长最快的那一块,即以新观念开辟新市场的新创企业。这种现象在过去常常造成英国经济增长率在一开始被低估,大约少了0.5%,当某一年的经济增长率只有约2.5%时,这可是个大误差。

　　但这种误差并非出于故意,也不代表无能,只能说难以避免。在短期缺乏完整数据的情况下,有一种替代方案,那就是估计数据。我们觉得经济体中的新兴部分"有可能"增长多快?在观察一段时间后,0.5%似乎是个不错的推测,但它仍是基于过去的假设。所有的投资人都知道,这是个有风险的推测。英国国家统计人员的看法是,应该基于过去已经发生的事来做假设,而不是根据还没发生的事来凭空猜测,但这表示有可能会低估实际的经济增长率。

美国的做法则是先估计,等真正的数据出炉之后再修正他们的估计值,结果通常是大幅度下调。当然,在较准确的数字产生后,要改变大众的认知已经有点晚了,因为大家已经认定美国是行动敏捷的兔子,而英国则是慢吞吞的树懒。但事实并不是这样。2004 年,我们以为英国的经济增长率是 2.2%(不错,但不算太好),而美国的经济增长率是 3.2%(令人印象深刻)。事后修正显示,英国实际的经济增长率是 2.7% ,而美国实际的经济增长率也是 2.7% 。再举一个较近的例子,美国 2007 年 3 月将原先于 2006 年第四季度公布的经济增长率从 3.5% 下调为 2.2% ,降幅惊人。

不过,有什么替代方案能衡量全部吗? 在每项交易发生时统计每个商业活动? 的确可以这么做,如果我们愿意支付巨额成本,并忍受如此烦琐的统计过程。其实,我们已经用这种方式衡量了其中一部分。在实际作业上严谨地抽样是免不了的事。生活就像消防栓,抽样者只有茶杯和弯曲的手指,这是场不公平的统计战争。事实上,我们能掌握到目前这么多、这么接近的数字,已经是相当神奇的一件事。如果能够了解抽样的限制,并试着减少统计的偏差,那就再好不过了。

全球的艾滋病病例数

艾滋病病例是全球性的紧急事件,基本上是不可能完整统计出来的。2001年,负责统计这项数字并协调各国倡导防治艾滋病的联合国艾滋病规划署(UN-AIDS)估计,全世界的病例数为4000万人。据了解,打从那个时候开始,这个数字便逐年攀升。根据联合国艾滋病规划署2006年的报告显示,全球病例数大约为3950万人。对,你没看错,是从4000万人"增加"到3950万人,不过这些数字的不确定性很大。

造成这种矛盾现象的,就是抽样方法。许多早期调查所得到的数据来自市区产科诊所的人口抽样,这种抽样至少存在两种偏差:一、任何到产科诊所来的人几乎都已经有过性行为,而且可能是不安全的性行为;二、都市地区的艾滋病患者比率可能比乡村地区高。联合国艾滋病规划署相信,他们早期的估计值偏高,并依照其他的调查结果加以修正。他们认为,以前的病例一定没有现在多。所以,我们是否可以信任他们的新抽样方法? 这些数字引起了分成两极的争议,有些人认为太低,而有些人觉得太高。我们所能做的,就是持续运用想象力,想象抽样是如何变成扭曲现实的哈哈镜的。

顺便一提,联合国艾滋病规划署认为,大多数地区的问题之所以会变得十分严重,有部分原因是存活率提高了。患者人数增加并不一定都是不好的,有时候这代表着以前会死亡的病人现在可以继续存活在世界上,这也是患者变多的原因。尽管大家对于这个数字的准确度以及它的代表性有所质疑,但这对人类所面临的灾难无济于事——联合国艾滋病规划署统计出,2007 年全球已经有 200 万人死于艾滋病,而且有 250 万个新增病例。这跟"降低"趋势似乎又相反了,虽然这些数字无论如何都一定还是错的,但如果它们不吓人,就更是错得离谱。

　　跟这些数字有关的报道总爱单独挑出某一个数字聚焦,但抽样的微妙之处在于,结果的周围分布着一大片的不确定性。近年来,联合国所公布的数字已经把标准放宽,不会以一个固定的数字来代表病例数,而是以介于某数到某数之间来表示,并取中间值当作代表数字。新闻报道常认为不确定范围并不重要,它们就喜欢一个数字,但是当抽样具有这么大的不确定性时,单一的数字其实是不够的。

伊拉克战争的
死亡人数

近年有个比艾滋病更具争议的事件,那就是伊拉克战争。伊拉克的人口大约比英国的一半还少。2006 年 10 月,《柳叶刀》(the Lancet)杂志刊载了一篇约翰·霍普金斯大学团队的研究报告,估计因为英美"解放伊拉克"而丧生的军民总人数是英国死于两次世界大战军民总人数的两倍,前者大约是 65 万人,而后者大约是 35 万人。也就是说,目前伊拉克的人口(大约是 2700 万人),仅约为 1940 年英国人口(4800 万人)的一半,但死亡人数却是英国当年战争死亡人数的两倍。

在那 65 万名死者当中,专家估计约有 60 万名是直接因为外力死亡,而这个数字是取自 40 万至 80 万的中间值。与两次世界大战相比,这算是极为可观的数目。这些估计值造成的政治冲击不亚于数字的规模,于是它的准确性受到严重质疑。这个数字当然是靠抽样得来的。首先,研究团队随机选出 50 个地区,然后由两组人马分别拜访在这些地区内的家庭,总共 1849 户,每户平均有 7 人(总共约为 13 000 人)。研究人员在每个受访家庭中找出一个人,问他们家在战争前后 14 个月内的死亡人数。而回答家里有人因为战争死亡的家庭,约有 90% 被要求出示死亡证明书,他们通常乐意配合。

这个数字远高于"伊拉克死亡调查组织"(Iraq Body Count)记录的 6 万人,这个组织当时利用两种不同的渠道收集数据,用加总而不是抽样的方式统计战争死亡人数,并小心地为数字配上名字。不过,因为它是被动计数,连执行负责人也承认,很可能低估了数字。但低估的程度,有可能严重到只占真实数字的10%吗?于是大众的注意力便移转到较大数字的抽样方法上。因为是抽样,每笔死亡记录都必须乘以2200左右,以求得伊拉克全国的数字。但要是抽样有较大的偏差呢?举个极端的例子,如果在伊拉克某个微小、孤立且充满暴力的地区,居民在战争期间因为世仇斯杀,导致300人丧生,而他们刚好都被调查到了。就算伊拉克其他地区一个死亡人数都没有,最后调查推算的结果仍然还会是65万人,即使正确数字应该是300人。

当然,抽样不会不均匀到这种程度,但会不会存在另一种不均匀?有没有可能像评论者所说的,研究人员在抽样时选择了太多靠近主要街道的房子,这些地方因为被轰炸造成死亡的数字较高,但他们在较平静的郊区却抽样不足?当年在抽样调查德国的战争死亡人数时,就是因为抽样不均,算了大城市德雷斯顿,却漏了巴伐利亚郊区,导致数字产生严重的偏差,这次会不会也犯了当年的错误?

在我们看来,如果伊拉克战争的调查数字产生误导(它一定是"错"的,因为它不精确,但它更大的错误却是"误导"),问题的根源更可能和数据质量有关(我们在下一章会讨论),而并非抽样方式不良。统计人员的抽样"设计"并不愚蠢,也没有大错,但这项抽样的设计或任何抽样调查的缺点与偏差,都值得深入探讨。完成这项工作最重要的是想象力,此外,也需要足够的耐心来检视各项细节。抽样时必须考虑有哪种偏差可能会悄悄混入?怎样才不会刚好数到不能够代表整体的少数人?

宝宝的正常
成长状况

　　即使是个人数据，也可能发生偏差。你绝对认识自己的宝宝，但你是否知道孩子的成长状况正不正常？这个问题的答案，要视"正常"的定义而定。在英国，这个定义来自一本小册子，里头有一张图表，画着婴儿的身高、体重与头围，还配有卫生随访员，他们有时会过度强调你的孩子应该处于图表的适当位置。实际上，每个婴儿的高矮胖瘦都有差异，对许多落在图表中央线（第50个百分位）以下婴儿的焦虑父母而言，这个真相可以说是一种小小的安慰。第50个百分位代表有一半的婴儿长得比它快，一半比它慢。它不是目标，更不是一种决定孩子及格或不及格的考试。

　　不过，有个进一步的问题值得好好讨论一下。是谁决定婴儿应该长得有多快的？以什么为证据？当然又是抽样。那么，哪些人是样本？被纳入样本的各式各样婴儿应该能够代表全人类的经验，但中间有没有出什么错？的确，依据世界卫生组织（WHO）的说法，不是每一个婴儿都适合放入样本中。WHO希望婴儿都喝母乳，指出抽样时应该排除喝牛奶的婴儿，因为喝牛奶的婴儿长得比喝母乳的婴儿快一些。喝母乳的婴儿，出生时体重如果处于第50个百分位的那条线，其两岁之后的体重会滑落到接近图7.1最下方的那条线。

　　如果图7.1依照WHO的意思修改，喝牛奶的婴儿会移到第50个百分位那条线的上方，显得有点过重；而喝母乳的婴儿则会移到位于中央的位置。WHO

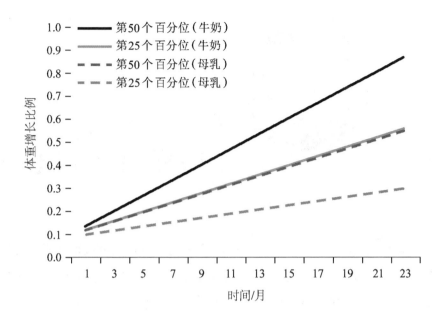

图7.1 宝宝应该有多大

认为,图表应该要有设立典范的功能,能够建立一种喂食方式优于另一种的价值观,并依此来选择样本。为了矫正不良行为,这是一种可合理化的偏差。但只改变样本产生的偏差,无法将图表由正确的描述往 WHO 想指示的方向拉。

抽样的正确态度

不同的样本，可以让事情"看起来"完全不同。调查人员进行抽样时，是否选择了比较多的老人、年轻人、已婚者、失业者、高个儿、有钱人、胖子、吸烟者、女性、父母、宗教人士、运动员、迫害妄想症患者等？只要一个不小心，就有可能让数字产生严重的偏差。有个著名的抽样案例，其结果发现，美国民主党的选民对性生活的满意程度比不上共和党的选民。直到有一天，有个人想起来，跟男性比起来，女性通常对性生活比较不满意，而投票给民主党的女性比投给共和党的多。

偏差渗入人口样本的方式，就像人类信仰、各种习惯、生活形态、文化历史、生物特点一样复杂。曾经有本杂志对读者进行调查，其后表示，70%的英国人相信有超自然力量。但这本杂志的名称叫作《超自然与占星师月刊》(*Paranormal and Star-Gazers Monthly*)，会买这本杂志的人本来就比一般英国人更相信超自然力量，这项调查可说是"精心设计"的。

其他一些刻意的、不小心的或是意外的偏差，采用的抽样方法也和这本杂志或其他营销调查不相上下，总是能够得到他们想要的结果。简单举一个例子，但我们不敢说它是否具有代表性。请试着思考以下这五点，并用你的想象力找出可能的偏差。在2006年夏天的一两个星期内，这些资料到了英国广播公司生活消费版记者琼斯(Rory Cellan Jones)的桌上。

一项调查指出,新妈妈们平均花费 400 英镑在婴幼儿服装上。

不论男女,晚上饮用最多的饮料都是茶。

研究显示,有 52% 的都市男性承认,一周至少会穿一次不成对的袜子(某家网络袜子零售商所做的调查)。

60% 的英国女性喜欢名人看起来有些小缺点,而 76% 的英国男性则喜欢形象完美的名人(由某家化妆品公司及高画质电视频道所赞助的调查)。

英国有超过 2000 万的屋主,总共已经花费超过 1500 亿英镑在没品位的居家改造上,以致降低了房屋的价值(由某家房地产保险公司好心告诉我们)。

细心设计的抽样调查,不会只询问最先出现的 6 个人,这种随机抽样的调查比较少会发生严重的偏差。但那种设计笨问题、得到笨答案的调查到处埋伏着潜在的偏差,虎视眈眈地准备伺机而动,威胁着要破坏结论的完整性。再次强调,致命的偏差以及缺乏实用性的抽样调查,会令人忍不住想要放弃全部的抽样。但偏差是一种风险,不是一种必然,而明智地处理这种风险是称职统计学家应该努力的目标。

北海有多少鱼

　　如同我们说过的,抽样是避免不了的,因为要统计的实在是多到数不完。所以,再让我们以一个我们都想知道却无法统计的极端例子来说明,那就是北海有多少鱼? 如果你相信科学家,就会觉得海里的鱼并不多,几乎空空如也,有些鱼群的数量少到快要绝迹的程度。但如果你相信渔民,就会认为渔产还是相当丰富。捕鱼业是否能够存续,数一数鱼的数量就知道,但我们不可能一条条数,而唯一的方法就是抽样。

　　2005 年,当《或多或少》节目拜访康沃尔郡纽林鱼市时,当地渔民一致认为,当地的鱼获量比 12—25 年前还多,他们说:"我们不相信科学数据。"科学家随机抽样了鳕鱼,发现数量并不多,但渔业界认为他们是笨蛋。一位业界代表告诉我们:"如果你想抓羊,就不应该在土地上随机乱找,应该直接去羊儿所在的原野。"换句话说,抽样者找错地方了。如果他们想知道有多少鱼,就应该到有鱼的地方去数鱼。渔民到那些地方捕鱼,就发现了数量丰富的鱼群。

　　国际海洋探测委员会(ICES)①建议,将北海捕鳕鱼配额增量设定为零。在总容许捕获量每年固定成为争论的议题时,欧盟的渔业部长总是忽视此一建议。

---

① 英文全称为 International Council for the Exploration of the Sea,是一个协调与促进北大西洋海洋研究的组织。它作为北大西洋 1600 多位海洋学家进行交流的会合点,具有获取知识、提供建议、促进出版交流的作用。其秘书处设在丹麦哥本哈根。——译注

2006 年,欧盟所容许的捕获量为 26 500 吨。科学家的抽样是正确的吗？很可能——当然,我们的意思是,虽然数字不可能完全准确,但它并不会产生误导。为了维持相同的捕获量,渔船可能会航行得更久、更远,但调查小组并不会这么做,他们的拖网作业只会进行一段标准时间,通常是半小时。

此外,他们也不会像专业捕鱼人员一样,为了达到最大捕获量而升级设备。至于指责他们跑错地方,应该追着鱼跑的"聪明"逻辑,则是忽略了有愈来愈多地方已经无鱼可捕的可能性。这种逻辑本身就是一种偏差,为了计算鱼的数量而到有鱼的地方去,就好比先钉尾巴再画驴子一样①,而渔民就像所有的猎人一样四处搜寻猎物。他们能够找到并捕捉猎物,只说明了他们技术精湛,而不能说明鱼有多少。和辛劳工作的渔民的捕获量相比,科学家的样本可能才是海洋中鱼类数量的最佳指引。

想让抽样调查的结果尽量反映出整体,必须持着严谨的态度,尽量发挥想象力,设想各种可能的偏差。虽然抽样的表现可能还是不完美,但它已堪称神奇。

---

① 西方人在派对上玩的一个小游戏,先在墙上画驴子,不画尾巴,而在尾巴处打一个×。参赛者蒙着眼睛转三圈后,试着把尾巴钉在驴子上,最靠近×的人就是赢家。——译注

第8章　如何掌握这股神奇力量

英国大多数执行政策并对政策提出建言的资深公仆，常对许多社会学和经济学基本数字毫无头绪。 因为测验过这些公仆，所以我们知道。 有用处的数字绝不会凭空而降，一定要有人去发现、取得，但是有些人认为，别自找麻烦会比较好。

透过数字了解的事实往往模糊不清，但人们之所以不了解，有绝大部分是因为忽视、马虎或恐惧。 很不幸地，政府制定的政策似乎总是给人忘记检查手边数据的感觉。

数字最大的陷阱并不在数字本身，而在大家处理数字的散漫态度，这些态度从粗心到藐视都有。 但只要加以适当解释，数字依然具有影响力及说服力，是一种多功能的理解与争辩工具。 只要我们善待它们，必定会有所回报。

数字通常是我们所能取得的全部信息，选择忽略它们是一件可怕的事情。那些一遇到数字就晕头转向的人，听到这点以后或许可以稍微宽慰一点，因为陪伴在身旁的是位杰出的伙伴，只要肯用心，大有机会能够继续向前走。 其实，只要认真一点，好好对待数字，你就能够开始掌握它的神奇力量。

四道基本测验题

过去十多年来，无论在演讲或研讨会上，许多英国的资深公务员、记者、企业界人士和学者，都被要求回答一连串有关社会学和经济学基本数据的复选题。其中有些人碍于身份和政商影响力，所以要求不具名，不过这也无妨。

下面是问卷的一则范例，以及在 2005 年 9 月由一群人数介于 70—100 的资深公务员所提供的答案。虽然我们在此不便指名道姓，但可以确定的是，你会希望他们能够多了解一点经济。此外，下列各题回答人数的百分比加起来并非全部都是 100%，因为小数点后的数字被四舍五入，所以会有一些误差，而且也不是每个人都回答了所有的问题。

1. 英国有多少比例的所得税，是由位于金字塔顶端 1% 的纳税人所缴纳的？

选项	回答人数占比/%
A. 5%	19
B. 8%	19
C. 11%	24
D. 14%	19
E. 17%	19

他们全都答错，正确的答案是 21%。没给他们正确的选项似乎有点不公平，所以给选 17% 的人一些分数也是合理的。其他人的表现都很差，几乎有 2/3

的人认为答案是 11% 或更少。分析赋税制度的效果及变动应该是这群人的主要工作,但他们显然不知道谁缴了多少税。这么少的人知道正确答案固然让人惊讶,但更让人惊讶的是:他们的答案,有可能是随便乱猜的。这些人的答案显示,他们彼此间似乎并无共识。如果你参加《超级大富翁》节目,遇见类似问题时,你可能会认为这群人是求助的好对象,这下你恐怕会大失所望。

2. 一对没有小孩的夫妇,两人年收入相加后,税后要达到多少钱,才能登上全国收入前 10% 的富豪排行榜?

选项	回答人数占比/%
A. 35 000 英镑	10
B. 50 000 英镑	48
C. 65 000 英镑	21
D. 80 000 英镑	19
E. 100 000 英镑	3

答案是 35 000 英镑。有些人不相信税后收入达到这个数字就足以让一对夫妇跻身收入所得排行榜前 10%。这个数字既有威力又有启发性,值得大家知道。不过,在那群人当中,只有 10% 答对,而最普遍的答案——50 000 英镑,几乎比正确答案高出一半。在这个人数为 75 的团体当中,有 90% 的人主要负责分析经济并协助制定政策,他们把民众的所得想得太高,而其中有超过 40% 的人简直是错得离谱,如图 8.1 所示。

3. 英国目前的经济体(物价上涨率调整后的英国国民总所得),比 1948 年大多少?

选项	回答人数占比/%
A. 50%	10
B. 100%	25
C. 150%	42

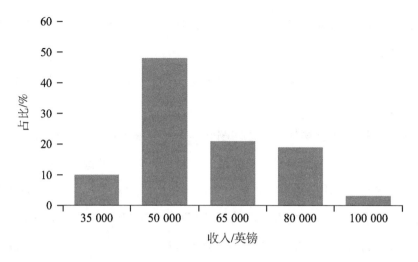

图 8.1　不知人间疾苦

D. 200% 　　　　　　　　　　17

E. 250% 　　　　　　　　　　5

正确答案是 300%，又是一个正确答案不在选项里的问题。在那群人当中，只有 5% 选了最高值，大部分的人似乎都不知道正确答案是什么。这段时期内的经济增长率，平均起来大约是每年 2.5%。如果这个团体内超过 3/4 的人所选择的答案是对的，就表示国民所得只剩一半，换言之，我们的富裕程度只有现在实际状况的一半。这个错误相当离谱，而且离谱得非常令人讶异，因为经济增长率是最基本的经济课题。

4. 收入经过审查后，接受补助的单亲父母有 78 万人，其中有多少人未满 18 岁？

选项	回答人数占比/%
A. 15 000 人	29
B. 30 000 人	21
C. 45 000 人	0
D. 60 000 人	21
E. 75 000 人	29

正确答案是 6000 人 (2005 年)，选择最低数字的人再一次得分。看起来这群人和其他人都相信，未成年的单亲妈妈很流行——一个被热烈讨论的大众议题。在这个团体中，有一半的人相信问题比实际情形严重了至少 10 倍，如果还有更高的选项，有些人一定会选。

近几年来，各专业团体在上述问题和其他选择题上的表现一直都很差。这个问题可严重了，因为如果你想知道这个国家的基本经济状况，而这些所谓的专业人士根本没办法用最基本的数据来表达国内的一般水平；又如果他们针对税制提供一些建言，却对哪些人承担了最多税赋一无所知，我们是否还需要听他们在说什么？无知的借口永远没完没了，嘲笑永远比了解简单。只要他们说数字不重要，或是无论如何数字一定都会错，再不然就是表示自己已经知道数字的重要，似乎就可以了。无论是什么因素造成这些随便的态度，后果都不堪设想。

资料的准确度

18 个月大的洛夫迪(Joshua Loveday)死于布里斯托尔皇家医院的手术台后，有关当局启动了一连串的调查，最后整件事发展成一桩丑闻。由肯尼迪(Ian Kennedy)教授主持的调查确定，在该医院接受特定心脏手术的儿童死亡率是全国基准的两倍，有人形容此事是英国有史以来最严重的医学危机。

当麻醉医师波尔辛(Steve Bolsin)由伦敦的一家医院来到布里斯托尔皇家医院后，真相逐渐水落石出。此处小儿心脏手术的时间比他往常动手术所花的时间长，导致病人长时间接在心肺呼吸器上。虽然他怀疑死亡率的确过高，但还是决定找出长时间靠心肺呼吸器会产生什么影响。因此，他和同事埋首于数据之中，自认发现了有力证据，也就是医学专家所谓的"超额死亡率"(excess mortality)①。

刚开始院方的反应很慢，但洛夫迪的死催化了整个事件的发展。舆论压力排山倒海而来，首先发难的是别间医院的一位外科医师暨心脏病权威，接下来是英国医学总会(GMC，本案是该组织有史以来为期最长的调查案件)，最后则是由肯尼迪教授率领的独立调查小组介入，他们的结论是，可能有 30—35 个孩子无辜死亡。

大多数参与调查的人都相信自己知道流程的有效性，也相信自己和别人一

---

① 指由特定因素(如车祸)造成的死亡，使得死亡率比一般同期情况更高的现象。——译注

样优秀。但没有一个人知道确切的数字，也没有人知道自己调查出来的死亡率该如何和别人的相比。当大家看到初步数据而悲愤莫名时，都忽略了一个关键，不过调查小组的成员可没因此昏了头。他们认为，如果超额死亡率不是 100%（足足是其他医院的两倍）而是 50%，就很难确定布里斯托尔皇家医院是否真的异乎寻常。也就是说，如果无辜死亡的婴儿是 15—17 人，而非估计的 30—35 人，就无法断定院方是否有任何的医疗疏失。对多数人而言，比基准高出 50% 的震撼程度已经代表了惊人的失误，尤其是在失误就代表死亡的情况下，为什么调查小组非要看到高出 100% 的死亡率才能肯定他们的结论？

两位备受外界指责的外科医师辩称，即使有这些数字，仍然无法证明他们的表现不好。此外，调查小组本身并不愿意谴责个人，宁可将矛头指向布里斯托尔皇家医院的整体制度。他们表示："布里斯托尔小儿心脏手术这件事并不是有人做得不好，也不是因为有人不小心或是蓄意伤害病人。"死亡率比基准高出 100% 是个很大的差异，而且考虑到牵涉的儿童人数，足以让整件事变成英国有史以来"最严重的医学危机"，但当时的结论却有争议。

发掘真相并不难，只不过耗时很长。必须深入了解布里斯托尔皇家医院做过多少次心脏手术？有几个孩子因此死亡？和其他地方的数据相比又是如何？这项调查足足进行了 3 年。劳伦斯（Audrey Lawrence）是调查小组的一员，她是数据质量专家。我们请她说明心脏手术记录的维护情形如何，以及数据质量好不好。她说："我们可以取得 1987 年以后英国心脏外科医师登记的原始数据，这些数据以表格的形式存放在一位医师的车库内。但重点是，这些资料跟卫生部无关，它们纯粹是那位医师因为个人兴趣而搜集的，他将数据填入自己的记录中，把这些记录收在车库的档案箱里。"除此之外，就没有其他关于心脏手术与结果的统一数据来源了。

那么，数据质量好不好？可不可信？"依据我自己在医院搜集数据的经验判断，数据可能不太准确。我们十分在意数据的质量，但我们手上只有那些表格,所以我们到个别的病房去,看他们是否严格遵守搜集数据的流程。结果不出所料,我们发现流程并不严谨,有太多不同的搜集方式,还有许多数字相当可疑。对医院来说,这没什么大不了的,他们匆匆忙忙地搜集数字,只不过想赶快交差了事。"

那么,这可以导出什么结论?"从我们发现的数据显示,布里斯托尔皇家医院100%的超额死亡率的确高于一般水平,但假如超额死亡率在50%左右,以这样的数据质量来看,我们实在没把握断定布里斯托尔是否异常。而这次我们之所以能够确定,是因为数字的差异实在太大。"也就是说,如果其他医院像布里斯托尔一样死亡率偏高,但只高了50%,就很难侦测到异常?"没错。"

相信你也会同意我们的说法:因为一般人不是很在意数据质量到底好不好,所以到现在我们仍然缺乏最简单、最明显、最想要的标准,来评鉴攸关人命的医疗质量。为什么长期以来,这类问题总是没有答案?有部分是因为,这项工作比预期的困难;也有部分是因为,我们一开始就不怎么重视数据,忽略了它的复杂性,也忽略了我们应该投入的心力。数据质量不佳,往往是因为投入的心力不够、思考不周全,搜集资料常被讥笑为官僚作风或是只想把事情量化。质量之所以不佳,其实往往是我们自己造成的。

人 是 最 大 的 风 险

要了解人们为什么这么随便应付搜集资料,我们可以从伦敦帝国学院(Imperial College London)教授汉德(David Hand)所提供的一个系统小毛病开始说明。有一项用电子邮件对住院医师进行的调查发现,他们中生于 1911 年 11 月 11 日的人数多到不合理。怎么会这样?原来有许多医师懒得在计算机上填满每个格子,本来想在出生年月日的字段上都打上 0 了事,结果设计系统的人很聪明,事先想到了这个问题,设定好拒绝这种日期,强迫他们打上别的数字,所以他们就填上了数字 1。这让卫生部大吃一惊,因为有一大堆的医生都超过了90 岁。

本来你只是想搜集一些最基本的个人资料,如生日等,却发现受访者故意跟你过不去。可能他们太累、太懒,或是相信搜集者已经知道这些问题的答案,所以选择跳过它们,回答其他看似有理的问题。这完全是人类的正常反应,每个人都可以从中捣乱。想知道数字有多容易变得不可靠,得先从了解人类有哪些古怪行为开始。汉德教授说:"关于数字的来源,一般过度理想的看法是,只要某个人测量了某些东西,就能够产生准确的数字,然后直接进到数据库里。这和实际情况根本就是天壤之别。"

所以,当 2001 年人口普查的表格被民众当成废纸丢进垃圾桶里;或是访问员跑了一天四处敲门却没有见到住户,被迫将表格留在门口,然后有人转寄电子邮件鼓励大家拒答;或是将整个行动视为侵犯人民隐私的政府阴谋……我们到底能够期待调查出什么？统计一点也不能机械化,要了解生活中的数字就要从活生生的人开始。是人在统计,他们一如你我,其中有一个可能担心她的狗要去看兽医,另一个则在想下一次的约会,而他们往往正在统计其他人。让数字三番两次出纰漏的正是我们这些人,而之所以会有这些危害,往往是人的感性所造成的。

2006 年,大约有 650 亿英镑是英国中央政府的拨款及商业税(business rates)①的收入,分配给地方政府做各种用途。这笔金额除以人口普查调查到的人口数,每人每周大约可以分配到 21 英镑。从这点可以看出,有很多事得依靠精确的人口普查。早在 2006 年,政府就已经开始准备 2011 年的人口普查。不过,提前 5 年的时间,对这项艰巨的任务来说只是马拉松的第一步。整项普查工作总共需要一万名访问员,预估需要 5 亿英镑的成本(也就是说,全国无论男女老少,每人大约 8 英镑)。一些负责这项普查的统计人员举办了一次风险会议。

所谓的"风险",是指我们全部的人,包含访问员、民众,有时会鼓励大家不要合作的政治人物,以及没料到自己的同胞会这么难搞的统计人员。除此之外,还有技术风险,以及不可抗力因素,如上次普查进行到一半时暴发的口蹄疫,但依照我们的判断,人还是最大的风险。如果大家可以不那么轻视资料,整项普查工作便可以进行得顺利一点。

---

① 英国政府对非住宅用房屋征收的房屋税。——译注

英国医疗资料的封闭性

飞舞在民众生活中的数字,遗漏了多少关键?大家又知道多少?就病史记录这个事例来说,数据的流动方式让许多人为因素能够伺机渗入。每次有人走进医院就会留下记录,该笔记录会转成编码供各种程序使用。但病人的情况并不一定能够完全套入可用的编码中,因为人的疾病可能五花八门,求诊的病人可能患有一种疾病或者一种并发症,也可能患有一大堆疾病,此时就必须根据实际状况填入适当的表格内。然而,并不是每家医院都会费心确认表格的清晰与完整度,所以常常会有一些错误。有些临床医生会协助编码员辨认他们的记录,另一些则不会;有些编码员受过充分训练,另一些则没有。虽然所有的医院理应使用同一套编码,但还是会有变异掺杂其中,基本上,他们的统计方式就会不一样。编码过的数据在公布前会先被送到国家医疗系统的三个不同层级,常有医院看着送回来的资料,里面的内容却已经不认得了。

自从布里斯托尔事件之后,现在有更多的系统可以侦测各级医疗机构的表现。但这些系统能否侦测出我们还没发现的存在超额死亡率的医院?劳伦斯表示:"还是不能。"不过,这还不是搜集医疗服务资料最大的困难。英格兰与威尔士的 NHS 正在引进一套选择系统,提供给病人使用。将来病人与家庭医生协商后,有权决定要去哪儿接受治疗。试行初期先提供五家医疗院所让病人选择,最后将全面推广至所有的医疗院所。

政治人物一直相信,正确的数据能让选择最佳治疗机构这件事变得更简单。当时的卫生部长米尔本说:"我相信将信息公开,不但能够确保更开放的医疗服务,也有助提高 NHS 各方面的标准。"里德(John Reid)担任卫生部长时也说过:"本国的劳工,将有选择的权利。他们将拥有高质量的信息,有权决定自己的未来与健康,不论你我喜不喜欢。"在这段铿锵有力的话中有一个关键词,那就是"高质量的信息"。没有了高质量的信息,就不可能产生有意义的选择。在写这本书时,里德换了新职,米尔本上任了几年,"病人选择"(Patient Choice)系统所能提供的高质量信息仍然只是在比较各家医院的停车场与餐饮部,而不是外科手术成果。只有一项例外,但它并不是"病人选择"系统的标准功能——心脏手术的医师们建立了自己的网站,附加了搜寻英国全部心脏外科医师的功能,并在照片旁列出个人负责的医疗作业成败比(不久就改成只显示成功率)。然而,死亡率只有个别医院可以取得,不会定期通过"病人选择"系统让社会大众知道。但如果你够有耐心,有时还是可以在报纸上找到死亡率的数据。

在威尔士,民众似乎完全无法取得这些资料。有一年以上的时间,我们与英国广播公司威尔士分部以及约克市的健康经济学中心(Centre for Health Economics)协力合作,试图说服威尔士卫生服务系统的好几个单位公开每家医院的死亡人数,或是准许外人取得医院的统计数字,好让统计工作能够独立运作。结果,反对公开这些最基本资料的阻力大得令人不解,这倒也让我们了解到一些事情。威尔士卫生服务系统辩称,数据可能会泄露病人的隐私,但他们却连全威尔士的总死亡人数都拒绝提供,而这项数据并没有这个风险。所以,我们连整个系统运作得如何都不知道,更别提个别的医疗院所。数据的确必须小心翼翼地解读,因为某些地区的独特情况很可能会影响该地区的死亡率,但这不足以成为隐藏信息的借口。在英格兰,从 12 年前开始,学术界与媒体已经可以拿到这些数据,而英格兰的病人隐私似乎从未因此受到侵犯。威尔士当局告诉我们,他们现在正在分析数据,但会不会让民众看又是另外一回事。

并不是说有这些数据就足够了,但大部分人还是会想得到更好的医疗指引。我们认为,如果政府能够建立一种文化,提倡尊重数据、用心搜集数据、仔细且诚实解读统计资料、将统计当作挖掘真相的工具、努力找出既有数字的意义、不操弄数字来达成目的,将会是英国政府所有作为及施政中最有价值的一项改善。

推算数据的方法

　　我们能做什么？很多时候,我们就好像在黑暗中吹口哨给自己壮胆。数字有时真的很神奇,你知道的其实比你认为的还要多。在本书一开始,我们曾经提过,要用人类尺度来看待数字,再检视它的意义。当你需要某个数字时,也可以使用这个方法。我们曾经问过英国各地的现场观众及第四电台的听众一个问题:英国有几座加油站? 知道答案的人并不多,而且大部分人在答题时都显得非常没有把握。其实只要把数字个人化,就能够找出相近的答案。

　　想想看你家附近或是你知道人口数的地区(通常会是自己家所在的地方)有几家加油站。如果你刚搬到这个地区不久,这个问题可能会比较难,但对大多数成年人来说,只要稍微想一下,通常都可以回答得出来。接着,以加油站的数量来除地区的人口数,可以得到每个加油站服务的人口数。我们估算出来的数字,大约是每 10 000 人有 1 座加油站,而大部分人给出的答案介于5000—15 000 人。

　　我们都知道英国的总人口数大约是 6000 万,所以只要将总人口数除以估计出来的每座加油站服务人数,就可以估算出英国总共有几座加油站。如果一座加油站服务 10 000 人,则估算的答案是 6000 座加油站;如果 1 座加油站服务5000 人,估算的答案就是 12 000 座加油站。实际上,正确答案是 8000 座左右。重点是,每个人只要把数字这样切割,几乎就可以得到不会太离谱的答案。利用相同的方法，也可以估算出学校、医院或超级市场的数量。

　　与其被问题打败，不如利用手边已有的信息来求得大致正确的答案。以非专业的标准来看，能够做到这样实已难能可贵。只要知道一些相关数据，就能估算出一个答案，除非被问到的数字问题本人完全没有相关经验，才会答不出来。关于这点，我们所能提出的最好例子就是问"南极有几只企鹅"。除非你本来就知道答案，否则你肯定毫无头绪。除了企鹅之外，你所知道的事情，多到会让你吓一跳。

第9章 骇人的数字,
极端的例外

对骇人数字的崇拜源自惊奇与恐慌。 突然出现了一个数字，看起来很糟，糟到让人畏怯，比我们想的更糟；或是很大，比猜测的还要大；再不然就是和我们所知的截然不同。

别轻易屈服。 当数字看起来与众不同时，我们知道有三种可能：一、事情真的很神奇；二、数字被夸大了；三、解读错误。 其中后两者代表我们正在浪费时间，因为想要骇人听闻，最简单的方法就是引用错误的数字。 我们要特别谨慎地处理离群值（outlier），它们是在测量的过程中因为人为误差或非人为误差而偏离其他绝大部分数据的数值。 它们的影响很大、风险很高，因此恰当的反应既不是一味对其持怀疑的态度，也不是瞠目结舌地随便相信它们，而是应该去寻找更高标准的证据。

莫为离群值所骗

联合国气候变化政府间委员会(IPCC)刊登于《自然》(*Nature*)杂志的一篇文章指出,根据全世界最大的气候预测实验结果,温室气体造成的全球气温上升,可能超过最大警告值的两倍。

这段新闻稿成为2005年英国媒体最轰动的头条,其接下来的内容是:

英国牛津大学的"气候预测网络"根据由民众参与的全球实验的初步结果预测,即使将大气中的二氧化碳水平限制在工业革命前的两倍,平均气温最后还是可能上升11 ℃。除非温室气体排放量能大幅削减,否则预计在本世纪中叶就会达到此水平。

气候预测网络的主任科学家、牛津大学的斯坦福思(David Stainforth)表示:"我们的实验显示,温室气体增加对气候的冲击远超过我们之前的预期。"

这则新闻除了11 ℃和《圣经·启示录》中的世界末日预言以外,什么数字都没有提到。这个实验设计的目的,是为了显示气候对大气中二氧化碳水平加倍的敏感度。在基于些微不同假设所得出的2000个结果中,大约有1000个接近或正好是3 ℃,只有一个结果是11 ℃。有些结果甚至显示未来气温会降低,不过这些数据都未获得完整的报道。有位英国广播公司的同仁用打高尔夫球来比喻:这就像你用2000种些微不同的方式击球,然后看那2000颗球的落点,最后会得知最可能或最典型的落点分布状况;只有气候预测网络会采用完全不同的标准,选择只公布落在停车场的那一颗。

当然,这是有可能发生的,其他很多事情也一样。你的女儿也可能当上教皇,但我们不会特别去注意这个可能性,至少在她成为枢机主教前不会。就数字而言,这只是一种积极地想把离群值贴上标签、插上红色警告旗的行为,而不是一篇值得大家激动不已的新闻稿或媒体报道。2007 年 1 月,气候预测网络联合英国广播公司,利用各种不同的模式对一连串的新数字进行计算,结果报告是这样写的:"实验表明:最可能的结果,在 2080 年之前,英国的气温预期会升高4 ℃。"

而实际的情况可能是,"最可能"的结果大概还是错的。所有的预测都可能是错的,但至少这次它代表了实验结果的均衡,而不是离群值的那部分。不过,这并没有让全球环保人士松一口气——不论是 3 ℃,还是 4 ℃,都会带来严重损害。因为这次使用的是(实验表明)"最可能"的结果,而非随便拿来危言耸听的数据,所以结论可以说更加站得住脚。由此可知,看到数字时记得问一下,它是实际概率还是类似成为教皇的概率,你会把事情看得更清楚。

乐透彩票的广告说:"下一个得主可能就是你。"这句话一点也没错,虽然我们都知道事实是怎样。在许多事例中,负责任的新闻报道应该提供比中乐透彩票概率更高的信息。但新闻报道至今仍然对离群值怀有根深蒂固的偏爱。每个新闻编辑都在问:"最佳头条是什么?"每个记者都知道数字愈大、看起来愈严重,就愈受老板喜爱。于是,愈不可能发生的结果,就愈容易被报道出来。如果你怀疑新闻媒体到底是什么样的事业,通常答案是"吸引读者兴趣和刺激读者情绪的娱乐业"。和最可能发生的概率比起来,消费者和信息提供者似乎都比较喜欢极端的可能性,难怪我们的概率观念一塌糊涂。报纸上的头条新闻说:"你的女儿可能成为教皇",读者就会说"天啊,这是真的吗",然后乖乖掏出钱来买一份。

哈比人究竟是什么人

看到令人惊讶的数字,大家总是会问:这是个与众不同的新数字吗? 它是否在警告些什么? 令人惊讶的数字随处可见。人类学家在印度尼西亚一个潮湿的洞穴中(《自然》杂志说这个洞穴像"一种失落的世界"),找到 18 000 多年前的一批骸骨,这个发现在 2003 年的新闻报道中披露之后马上轰动全球。这批骸骨立刻被冠上了"哈比人"(Hobbit Man)的称谓,其中一具可能是至今保存最完整的女性遗骸(这点尚有争议)。有人认为这具骸骨应该是一名年约 30 岁的女性,并以该洞穴所在的小岛将它命名为"弗洛勒斯'小'夫人"(Little Lady of Flores)或简称"弗洛"(Flo),而这个崭新的人种学名便称为"弗洛勒斯人"(Homo floresiensis)。

"哈比人"的身高只有大约 1 米,比现代最矮的成年人还要矮个几十厘米(如非洲俾格米人的平均身高不到 150 厘米),所以引来大家各式各样的猜想。报道还说他们的手臂超长,脑部很小。由澳洲和印度尼西亚古人类学者组成的团队一直都在寻找证据,试图证明澳洲土著是由亚洲迁移过去的,而非新人种。但这些小个子们似乎存活得比我们以外的任何人类亚种都久,有人相信直到 19 世纪这些人都还存在,而这个想法与弗洛勒斯岛当地有人看到小矮人"哎步勾勾"(Ebu Gogo)①的消息不谋而合。有人甚至怀疑,他们现在会不会还存活在与世隔绝的印度尼西亚丛林中。

他们绝对是不平凡的,与其他被发现的任一支人属(Homo)遗迹都不相同。他们不是直立人(Homo erectus)②,不是现代智人(Homo sapiens)③,也不是尼安德特人(Neanderthals)④。但他们是不是新人种?下结论之前,且看两个真实事例。1863年2月10日纽约市有一场婚礼,由斯特拉顿(Charles Stratton)迎娶华伦(Lavinia Warren)。据报道,当天典礼冠盖云集,斯特拉顿身高约84厘米,华伦身高约86厘米,甚至比哈比人还要矮上十几厘米,但他们智力正常,生活圆满。他们盖了一栋豪华的房子,一部分由他们的粉丝出钱,另一部分则来自斯特拉顿常年为巴纳姆(P. T. Barnum)成立的马戏团表演的收入,他的艺名是"拇指将军汤姆"(General Tom Thumb)。

行事向来稳重的《纽约观察家》(*The New York Observer*),也将这桩喜事报道为世纪婚礼:

以前我们从未听过类似的事件,如此娇小但完美的人类结为夫妻。他们的结合跟婚礼的场地一样神圣,当来自康涅狄格州桥港的威利牧师在仪式中说"你接受这位女子……",以及"你接受这个男子……"时,大家的嘴角都忍不住扬起一抹微笑。

斯特拉顿和华伦很明显跟我们是同种的人类,根据《纽约观察家》的说法,他们是完美的人类。他们的4名双亲和9名手足的身高都比较正常,只有新娘的小妹米妮比她还要矮。他们在人种中的真实存在告诉我们:人类的基因可以

---

① 该岛上的村子传说,这些人身材矮小、贪吃,懂得简单的语言和爬树,村民们将他们称为"哎步勾勾",意思为"什么都吃的姥姥"。——译注
② 该人种能制造工具,能直立行走,但脑容量较少。——译注
③ 指具有高度发达大脑的人种,具有说话的能力,现在世上各种肤色的人都是现代智人。——译注
④ 该人种比现代智人存在得更早,智力并不低,却早一步灭绝,原因至今未明。——译注

产生极端的变异。世界上最矮的男性是奇马(Che Mah),只有约 66 厘米,最高的是沃洛(Robert Wadlow),身高约 272 厘米,是奇马的 4 倍以上。

所以,假设这对新婚夫妇在印度尼西亚岛上定居,开枝散叶,他们的遗骸直到 21 世纪才被发现,后世的人类学家会如何形容他们? 是否能够辨识出他们其实是同一人种变异谱外的离群值,或是怀疑他们属于另一个人种? 有关哈比人究竟是不同人种或只是已知人种的极端变异,仍有许多争议。最近佛罗里达州立大学在扫描了他们的头骨并以计算机产生大脑形状图后,证明他们的确是新的人种。

该团队试着判定弗洛勒斯岛的洞穴居民的特征是否可以用疾病来解释,比方说我们所知的小脑症——大脑体积特别小——或是其他未知的综合征,让他们拥有这种奇异的生理特征。心急的研究人员为了取得骸骨而展开专业的对抗与争辩,让整起调查作业变得更复杂。发现遗迹的人类学家之一福尔克(Dean Falk)说:"我们坚信他们绝对不是小脑症,看起来也不像俾格米人。"首先报道发现哈比人消息的《自然》杂志,在头条刊登了最新的研究结果:"扫描哈比人头骨后,评论止息。"

不过,这个评估结果可能让人乐观得太早。据报道,宾夕法尼亚州立大学教授埃克哈特(Robert Eckhardt)怀疑这个评估结果,表示不相信:"我们正在进行某些完整的分析,我认为应该可以解开这个问题。这些骸骨有许多地方让我觉得非常奇怪,几近病态。"还好,我们不必解决这场争端,就可以先下结论:意料之外所发现的极端现象,可能告诉我们一些奇特的新鲜事,它们令人产生好奇心,但与整体事实无关。面对极端与意外,除了兴奋,也要谨慎。对统计学家而言,它们就是"离群值"。

假设我们把英国每个成人的身高都画在一张图表上,大部分的人会分布在平均身高上下 10 厘米的范围内;而根据英格兰 2004 年的健康调查,英国男性的平均身高是 175 厘米,女性的平均身高是 163 厘米,如图 9.1 所示。有些人,但不是很多,会偏向图表的左方或右方,我们就用比较高或比较矮来形容那些人。极少数的人会落在左右两个极端,包括沃洛、奇马、华伦与斯特拉顿。哈比人的问题,就在于判定他们是否为已知人种,只是刚好落在图表的极远处,因疾病等原因而成为离群值,或是我们必须创造全新的图表,并改写人类演化的图谱。这场争议仍在持续之中。

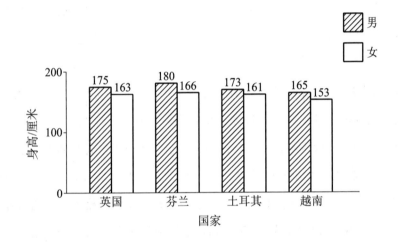

图 9.1　2004 年四国男女平均身高

有没有可能是
离群值

还记得我们在引文中看过的骇人数字的三种可能吗？事情真的很神奇、数字被夸大了，以及解读错误。哈比人最有可能是哪一种？他们真的是新人种吗？还是像斯特拉顿夫妇和我们一样同属于现代智人？如果他们真的是新人种，很好，我们必须改变想法。但如果他们只是像拇指将军汤姆一样比较奇怪，其实也还好。我们本来就知道，人类繁殖有时会出现惊人的情况，总是有各式各样的离群值，但他们显然还是人类。统计学教过我们，离群值是可预期的，并非异常，但绝对不普通。如果人类学家在印度尼西亚岛上发现的只是非典型的人类，他们并无法告诉我们世界上有任何新事物的存在，那么在人类生命的点状图上，它只是一个比较难以捉摸的点，除了本身的特别性之外可能说明不了什么。

事实上，离群值通常不像拇指将军汤姆那么有趣。斯特拉顿的确魅力十足，而大多数的统计离群值并不是活生生的人类，而是实验、调查或计算的产物，即异常的观察值（视定义而论）。统计学的首要原则就是，先舍弃可疑的数据或离群值，因为它们很可能是错误的，而出错的原因也许是测量或记录不正确。拇指将军汤姆就算落在图表的边缘至少还是真实的，但相信预测出来的离群值数字无异于沉迷幻想。

两年前，有一家公司预测英国的房价，得到五种可能的情境，其中一种预测房价在两年内会出现急跌，而另四种则预测房价会轻微上扬。此时，我们可以合理地怀疑,那个与其他四者相反的结果是否只是统计上的异常?有可能,因为它与其他预测的差异太大,所以发生的可能性比较低。但你猜,最后哪种预测被报道出来?头条新闻说:"房价可能下跌。"结果后来显示,其他四个才是比较准确的预测。重要的是,离群值可以是系统惯有的例外,它们不定时发生,比如身高、房价、天气预测等,都避免不了。它们不一定是警报,也不一定能够揭露什么真相。

禁药风波

如果你的工作是在运动比赛时检查运动员有没有使用禁药,对于有些人老是成为离群值的这种自然变异绝对会让你头痛。有许多服用后会让运动表现变好的药物,其成分本来就存在于人体之中,只不过运动员想要多一点,好让自己的表现能够更好。检查运动员有没有使用禁药,就是检查他们体内这些物质的浓度是否过高,换句话说,其实就是要找出离群值,并把这些人列为可疑对象。

比方说,睾酮这种类固醇荷尔蒙存在于男女人体之中,它在尿液中与另一种荷尔蒙表睾酮的浓度比是 1:1。世界反兴奋剂机构(World Anti-Doping Agency)表示,他们有充分理由怀疑,如果服用额外的睾酮,睾酮与表睾酮的比率(T/E 值)①会达到 4:1。以前的门槛是 6:1,但很多人认为太宽松。两个问题出现了:一、在以往的记录中,有许多无辜者的自然 T/E 值是 10:1 或 11:1,远超引起当局怀疑的标准;二、有些民族,尤其是亚洲人,天生的 T/E 值就低于 1:1,他们服用非法睾酮后,比较不容易违反 4:1 的限制。简言之,变异到处都是。

第一个因为"滥用"睾酮而被拒于奥运会门外的是一名日本选手,他的 T/E 值高达 11:1。日本体委会觉得很可耻,把他软禁在医院里,控制他的饮食与药物摄取,结果发现他的 T/E 值还是不变,天生是个离群值。我们访问了持续追

---

① T 指 testosterone,即睾酮;E 指 epitestosterone,即表睾酮。——译注

踪体育比赛用药情况 20 年之久的记者费斯特尔（Jim Ferstle），他说从来没人向那位日本选手道歉。尽管我们不太清楚，有多少人天生 T/E 值高于最早的标准 6∶1 或是超过目前的标准 4∶1，但直到 20 世纪 90 年代后期，"睾酮滥用检测"仍是唯一的检测方法①。此外，更混淆视听的是，酒精会暂时提高 T/E 值，尤其对女性更是如此。所以，如果只是把离群值抓起来，谴责他们作弊，很可能会不公平地指控到诚实的运动员。

　　还好，现在有一种复查方法，能够检验可疑样本中的睾酮到底是内生的（来自体内）还是外生的（来自体外）。不过，这个复查方法在实验时却无法检验出已知用药者的用药情况（瑞士有个相关单位曾经给予一群学生高剂量睾酮，然后加以检验，却没有验出有学生服用禁药）。虽然这个复查方法并没有"陷害"诚实运动员的情形发生，却会产生"不确定"的结果。爱尔兰的 1500 米赛跑选手特恩布尔（Gareth Turnbull）告诉我们，他在一夜狂饮之后造成很不利的 T/E 值，而复查结果又是"不确定"，他为了这件非法使用睾酮的诉讼已经花了将近十万欧元的律师费。最后，特恩布尔终于在 2006 年 10 月获得平反。但他说，如果使用 Google 搜寻他的名字，一定会看到"禁药"两个字。

---

① 2006 年的环法自行车赛总冠军兰迪斯（Floyd Landis）因为 T/E 值过高被取消了冠军头衔，并被处以两年禁赛的处罚。——译注

排除离群值

如同身高与哈比人的例子，我们必须记得异常是正常的，总是会有离群值。我们应该预期，计算机不时会跑出 11 ℃ 或是更高的数字；我们应该了解，这些数字可能没有任何意义。如果我们想要变更标准，指控每个不符合标准的人有作弊的嫌疑或是应该归为新人种，我们就得先确定新的标准的确可靠。如果离群值是预测或是计算机仿真出来的，我们可能会将它们全部删除。以变幻莫测的开球为鉴，把它们视为女儿当上教皇一样是几乎不可能的事。

有些措辞会让人怀疑是不是离群值在作祟。当我们看到"可能达到""可以高达""潜在影响"之类的字眼时，最好想一下，它是最可能的情况还是最极端的情况。如果是后者，就再想想它离比较可能的情况有多远。如我们所见，离群值是可能发生的，但不会常常出现，它们其实挺有趣的。以后每次看到"可能有潜在影响"之类的用词，请记得在心里加上一句："应该不会发生。"

第 10 章　排行，要看和谁比

如果我们善意地将你比作夏日，你可能会认为这是一种恭维，但这种比较对政绩排行榜却不是。 人与天气明显是两种不同的事物，如果没有大量的修辞，这种比较是不可取的——原谅我们的失敬，莎士比亚。 就该首十四行诗①而言，我们赞同这种比较，并称之为"隐喻法"，但对政府……

当今政治已经发展成越来越喜欢排行，以及各种用来决定排行名次的素材。 这个和那个比，哪个更好？ 谁上升，谁下滑？ 谁领先，谁落后？ 谁好，谁坏？ 谁"马马虎虎"，谁又是"最佳典范"？ 比较已经成为政府的超级语言，现在它以"提供丰富信息"为名，用各种方式到处轰炸民众的感官，俨然已成为英国制定公共政策的标准。

这还不够。 更普遍的状况是，评量后出炉的比较结果成为政治主张的主要内容。 几乎每一个"这个比那个好"的主张，都是在利用比较。 关于比较，有一个大家都知道却因过度使用而变成老生常谈的重要问题应该谨记于心，无论它隐藏在学校排行榜或是绩效指标中，这点向来真实不虚，这个问题就是——比较的是类似事物吗？

---

① 诗名为《我可否把你比作一个夏日》(*Shall I Compare Thee to a Summer's Day*)，这是一首情诗，莎翁将情人比作夏日，但夏日易逝，情人不朽。——译注

电子监控器
的效果

2003年9月,十几岁的威廉斯(Peter Williams)在一家家族珠宝商的店里用铁锹攻击维克多·贝茨(Victor Bates),而他的共犯则开枪射杀了试图保护女儿的贝茨太太玛莉安。案发20天前,威廉斯才从少年感化院获释,距上次犯案20个月后,他再度共谋杀人。谋杀案发生时,他本应遵从在家服刑的宵禁限制,并佩戴电子监控器,但在获释后短短的时间内,他就已经多次违反禁令。

2006年秋,英国国家审计部(National Audit Office)与下议院公共账目委员会(Public Accounts Committee)的报告揭露,自1999年起,那些一般人所谓的"带标签的"罪犯已经犯下1000宗暴力罪行,杀死了5个人。部分媒体指责,让受刑人佩戴电子监控器在家服刑以代替入监是一种无效、不安全的方案,而且让民众暴露在危险之中。媒体还声称,政府这么做只是因为它和监狱相比更加便宜。电子监控器较常使用于所谓在家服刑的受刑人,适用于非暴力罪犯,最多可提前4个半月假释出狱,而威廉斯一直处在严密的看守与监管命令之下。

支持使用电子监控器的一方所提出的资料相当尖锐、武断,且完全基于虚假的比较。他们采信内政部长及官员,还有一位前监狱总督察在各公开采访中认可的数据——相较于未戴电子监控器的罪犯高达67%左右的再犯率,在13万个戴过电子监控器的受刑人当中,戴着监控器再犯的比率大约是4%,还算不错。于是,电子监控器成为成功的表征,每当有罪行引起严重关切时,它都得到赞扬，而不是谴责。

比较是一种评量及判断的基本工具，如果我们想知道 A 的质量，可以拿 A 与 B 相比。在犯罪的例子里，我们常会比较不同的方案：如果放弃 B 而采用 C，结果会如何？犯罪会增加，还是减少？但过度注重比较会落入各式各样的陷阱中，意外的或故意的都有。任何有效力的比较，都必须拿同类的事物相比。而这项比较——有无佩戴电子监控器的再犯率，则是一个教导我们要小心"伪"比较的好教材。

让我们先厘清定义，这项比较究竟是谁与谁比？"何时"比较？比较"什么"？

首先，谁与谁比？这两种罪犯并非同一种人。对佩戴电子监控器的受刑人，监狱主管认为他们再犯可能性不大，才判定他们适合戴着电子监控器在家服刑。而其他受刑人则被认为比较危险，所以不给予如此优惠。因此，究竟是电子监控器，还是对罪犯的挑选，导致了比较低的再犯率？支持的一方声称佩戴电子监控器的受刑人表现比较好，而当初就是因为他们表现比较好才能够佩戴电子监控器。居然把比较低的再犯率归功于这项措施，用比较礼貌一点的说法，这样实在不够严谨。

第二，"何时"比较？统计佩戴电子监控器受刑人再犯的时间大多在佩戴电子监控器后的 4 个半月之内，而内政部统计未戴电子监控器的前科犯再犯的时间则是两年，两者相差 5 倍多。这是我们可以预期这两个再犯率会有差异的第二个原因，跟戴不戴电子监控器毫无关系。

第三，比较"什么"？如果你想比较电子监控器与其他替代方案的效果，你得了解所谓的其他替代方案，应该是指在监狱服刑而不是在外逍遥。要不就是假释并戴上电子监控器，要不就是关在牢里看表现，这才是应该拿来互相比较的群组，因为它们是彼此的"替代"方案。那些关在牢里的受刑人，对大众再犯罪的概率比较低，因为他们大部分的时间都忙于应付狱警或牢友。

一看就知道,这个比较是犯了统计学的大忌,甚至立刻引来一向含蓄的皇家统计学会(Royal Statistical Society)①的直接攻击。我们应该比较的,是戴过电子监控器服刑期满以及在牢里服刑期满这两组人,或是目前戴着电子监控器的受刑人以及正在牢里服刑的受刑人。不知道为什么,内政部并未努力找出戴过电子监控器服刑期满的人,并评量他们的再犯率。所以,我们并不知道,而且内政部官员及那位前监狱总督察也不知道,电子监控器是否比坐牢更能有效防止罪犯再犯。

让受刑人戴上电子监控器假释,可能是明智、人道的做法,但支持它的理由,却只是将两种不同类型的罪犯在不同时间、依不同条件来比较。这简直可以说是肤浅又未经大脑的检验,而有关当局无视种种明显的差异,居然公然宣称再犯率降低是电子监控器的功劳。我们希望负责警政与法务的国家官员,往后在发表这种言论之前能够更清楚地理解证据的内容。

---

① 成立于1834年,是英国的一个统计学术专业协会。——译注

英国中学的
排名制度

做比较让之前的定义变得更加困难,因为我们在每次比较时都会重新下定义。再提醒一次比较的重点,我们要比的是各重要方面都类似的事物。学校、医院、警力、地方政府,或任何接受排名及绩效评估的单位,都应该属于相同类型,可惜通常情况不是如此,而且很少能够尽如人意。生活本来就混乱复杂,差异远比预期的更多、更大、更显著,在忽略差异之前,我们得先决定是否在意忽略差异所代表的妥协及不公正。做比较可能还是值得的,但在比较之前,我们得先了解,某些事会因为比较而被完全忽略。即使是出自善意的比较,其过程也难保不被有心人士刻意操纵。

现在的公共政策倚重排行榜及绩效指标的程度令人讶异,形成了英国行政史上前所未有的比较热潮,比较的项目似乎也在不断增加。任何事情都不会如人所期望的那样正常发生,更多是错综复杂甚至一塌糊涂。在这种情况下,统计就很容易受到极大的质疑——到底在统计什么?比方说,刚引进排名制度时,政府将所有学校一视同仁地列入评比。但现在的排名制度,为了调整学生素质所造成的差异,加入了许多精心设计、但多数家长难以理解的统计方法。虽然这项比较一开始声称是为了评估学校绩效而做的,但最后还是免不了被各方批评比较的方法不公平。

英国在1992年引进学校绩效排名制度,经过十几年后,政府是否想要进行根本性的修改？我们几乎可以肯定，政府并没有这个意思。2007年，学校绩效排名制度经历了第三次重大的修改，让一些学校及其绩效彻底改变了排名顺序。这些学校的学生考试成绩并没有明显的变化，但许多原本属于一流的学校却被打入二三流，而有些原本在边缘挣扎的学校却瞬间成为绩优学校。旧的评鉴系统退场，新的评鉴系统登台，一夜之间，民众得接受完全不同的说法，而政府把这种转变称为改进。

"让家长知道，本地学校和别的学校比起来表现如何"，是一个看似简单的政治雄心，政府为此制定了一套清楚明确的评鉴制度。至少，"简单"在当时是打动多数政治人物的概念，而实际上执行起来却要复杂得多。从学校排名的起落轨迹（我们后面提供的是最精简的制度修改史），可以归结出长达15年的教训。我们可以得出一个结论，政府在制定有效方法方面不但常常失败，而且还坚持认为数数儿是小孩子的游戏。

排名制度修改史

1992 年首次排名的方法很简单,以中等教育普通证书(GCSE)①的考试结果为标准,看学校有几个 C 级以上的学生来排名。虽然这种方法很简单,但很快就显现出,学校排名比较高有可能是因为所收学生学业能力比较好,而不一定是教学质量比较好。对那些被捧为最佳学府的明星学校,这点小缺陷或许算不了什么,但对那些被指为差劲的学校,尤其是特殊需求学生比较多或是英语非母语学生比较多的学校,感觉好像还没比就已经输在了起跑线上。

曾任伦敦大学教育学院教授的布里斯托尔大学教授戈尔茨坦(Harvey Goldstein)告诉我们:"你无法确定学校的真正排名,因为你只用了少数的学生(C 级以上的学生)来评估一所学校的表现。这种方法的不确定范围很大,大到如果你用 GCSE 的成绩或是高级程度会考(A-level)②的成绩来评估一所学校,全英国将会有 2/3—3/4 的学校无法用全国平均值来区分它们的差异。也就是说,你无法判断这些学校的学生表现是优于还是低于全国学生。"

---

① 英国学生于 13—14 岁时必须决定自己要修哪些科目,14—15 岁修课,16 岁参加考试以取得中等教育普通证书(The General Certificate of Secondary Education,缩写为 GCSE),成绩分为 A*、A、B、C、D、E、F、G 等档次。——译注
② 通过 GCSE 考试的学生如果想要继续升学,会研修两年高级程度会考(Advanced Level,简称 A-Level)的课程,完成课程并通过考试就可以申请英国大学。——译注

　　所以,这个排名制度是在比较不同类型的学校,过滤数据,找出有可能不存在的差异。这种统计方法很天真,只是比较学生的成绩,就以为是在比较学校的绩效。有些学校意识到排名对校誉的影响,便开始操弄系统,只选他们认为简单的科目开课,避开数学与英文。甚至尽可能拒收他们认为可能不及格的学生,并将注意力集中在及格边缘的学生身上,忽视最弱与最强的学生(因为将心力投注在他们身上,对学校的排名没有帮助)。

　　这个排名制度迄今仍是两个政府教育政策的核心,只是经过重新修订,改为比较同一名学生比其 11 岁时的表现进步了多少。这种方法想要评估的是学生入学后学校为他们的才智贡献了多少。但所谓 11 岁时的表现,其实是全部学生的平均值,而许多有选择能力的学校可以再度投机取巧,挑选表现优于平均值的学生,等到他们年满 16 岁再次接受评估时,就能为自己加上庞大的价值。实际上,那些学生本身就具备了那些价值。虽然这种方法误导了大众,但也连续用了4 年。

　　后来,政府当局又宣布了新的修正,要求学校列出 GCSE 英文、数学两科的成绩,使得伦敦东部一所原本有 80% 的学生五科都达到 C 级以上的学校一下子降到只有 26% 的学生达标。政府也对上一轮"附加值"的缺点进行了重大的修改,考虑许多会影响学生成绩的非学校因素,如家庭经济状况、母语非英语、特殊需求,以及性别等。这个修改后的新"附加值"方法制定了比较精准的标准,用以比较学生前后的表现。

　　这个新方法全面施行之前,曾在 2006 年抽样 370 所学校进行排名测试。2007 年初,实施新方法后,学校的排名改变了多少? 一所名为"凯斯蒂文与格兰瑟姆女中"的学校,排名从只看 GCSE 成绩的第 30 名掉到第 317 名;而另一所位于伯明翰的圣亚班中学则是反向而行,从第 344 名跃升为第 16 名。出现这种结果,我们很能体谅那些家长为什么会质疑,过去 15 年来的学校排名到底告诉了他们什么。

后续发展

　　排名制度的修改算是告一段落了,但争议没有结束。第三次修改出来的排名制度,既复杂又充满人为判断,已经远离了最初透明责任制的理想。后来的结果显示,尽管学校每年在公布的排行榜上以戏剧化的方式变动,排名的正确性仍然值得怀疑。至于所谓的"附加值"方法,几乎每个人都认为,大多数的学校都善于增加各种不同的价值。于是,大动作的修改看起来像是意外事故,除非政府的本意就是不打算进行公平评比,只想让大家知道哪所学校有最聪明的孩子。否则,15 年内的三次重大改革,让人真想把缴出去的学费要回来。

　　有些校长指出,新的排名制度让学校更加重视教学质量,带来了正面的影响。教职人员们受到鼓励,搜集并研究学生资料,想办法鼓励学生,并和学生讨论如何才能让成绩进步。他们说,大家现在更注意个别学生的进步,也给予新制度高度的肯定,想必这次的修改应该受到相当多的欢迎。

　　政府官员们常说,排名不应是评估一所学校的唯一标准,但又过分肯定其合理性,怎么会这样?最基本的原因是,他们过于自负,认为统计很简单。在现实生活中,有很多事情都只能反映一部分的事实,但数字很难表达部分的概念,它们是固定的,没有妥协的余地,或者最起码它们是如此地被使用着。千万别忽略我们在做统计时对真实生活所做的妥协。

芬兰的越狱人数

　　一国之内的比较就这么精彩了,国际之间的比较更是令人叹为观止。不仅是因为跨疆界的定义使我们完全陷入困境,也由于报道的方式令我们一无所知。姑且让我们以运动能力为例,来说明哪里经常会出错。假设我们都同意,在地区板球比赛中得到 100 分代表很会运动,我们可以由此得出一个结果:三次被选为年度最佳足球选手的齐达内(Zinedine Zidane),将会因为无法在板球比赛中拿到 100 分而被看作运动白痴。这种比较方法很荒谬,但却是国际比较的常态。

　　哪个国家的医疗体系最优良? 教育制度最好? 政府表现最棒? 越狱人数最少? 请记得在进行评量与比较时,必须坚持使用相同的尺度,才能够确保比的是相同的事物。他们有医保,我们也有医保,哪国的医保比较好? 他们教数学,我们也教数学,哪国人民的数学比较好? 他们有牢房,我们也有牢房……荷兰伊拉斯姆斯大学教授波利特(Christopher Pollitt)在访问芬兰时很惊讶地发现,官方记录显示,有一组监狱从来没有发生过越狱事件,年复一年都没有人逃跑。莫非他们用的方法,是全球监狱最值得效法的典范?

　　"你们是怎么让越狱人数每年都维持在零?"他问一位芬兰的公务员。"很简单,这些监狱都是开放式监狱。"这位官员说。2006 年初,英国发生了囚犯在开放式监狱外游荡,好像周末外出散步一样,因而引发道德恐慌。两国相较,芬兰的囚犯似乎有惊人的表现,他们的秘诀是什么?"开放式监狱? 你们没有人从开放式监狱逃脱过吗?""喔,不是这样的! 因为这些监狱是开放式监狱,所以这种行为不叫逃脱,是'不假外出'。"

波利特说,这是他最喜欢引用的一个比较实例。他指出,当你追根究底问到细节时,就能发现一大堆诸如此类的瑕疵。实际上,芬兰既没有自夸为全世界监狱管理最好的国家,也不像某些人光靠比较"越狱"人数轻易得出的结论,他们只是通过温暖的信任与人道系统,造就出高尚合作的囚犯。在我们急着找出国与国之间差异的原因时,如果能够用心观察,就会发现有时差异根本不存在。

英国短缺的护士人手

缺乏地理概念也常常会造成问题。所有的统计都有范围,而统计之前的下定义就难在要界定范围。如果问牧场里有几只羊,能够用篱笆来界定范围,答案会比较准确。下面就是一个实例。

经济合作与发展组织(OECD)是一个由发达国家所组成的协会,受到高度尊重。其中有一个由研究员与经济学家组立的团队,声誉良好、能力高强。OECD 想了解一个很基本的问题:与其他国家比起来,英国每人平均获得多少位护士照顾?"护士"这个职业在 OECD 国家中有既定的意义,迄今为止定义也很清楚。所以,有个研究员便与伦敦的卫生部联络,提出了问题:"你们那边有多少护士?"卫生部回答了。于是,OECD 便将该护士人数除以英国总人口数,求得每人的平均护士人数。

但 OECD 的运气实在很坏,因为医疗卫生行业在苏格兰有独立的部门,由位于爱丁堡的苏格兰行政院负责,不隶属威斯敏斯特教堂旁的国会。所以,伦敦的卫生部把"你们那边"的定义,当成是管辖范围之内的英格兰、威尔士和北爱尔兰。从这点可知,要误解问题有多么简单。难怪英国的护理人数"看起来"总是严重不足,这是由英格兰、威尔士与北爱尔兰加起来的护士人数除以包括苏格兰在内的全英国人数得到的,和别的发展中国家比起来,护士都少得可怜。

国际排行的困难

　　国际排名项目愈来愈多,现在我们可以看到各国政绩、经济、健康、教育、运输、创新等的比较,除此之外还有一些无聊的调查,像是国际快乐指数——由一家小报以"世界不爽排行"为名来报道。牛津大学的胡德主持了一项有关国际比较的研究计划,他说:"排名的世界来临了!"他还认为,自 1960 年以来,国际政绩排名的数字每 10 年就增加一倍。爱比是人的天性,就算是见多识广的怀疑论者如胡德,也喜欢看这些排行榜。在本章结尾,我们会告诉你英国在国际上的一些排名,在此之前先来对排名所做的简化行为做一些基本观念的修正。

WHO 的医疗
体系排行

"继第 27 分钟的头攻之后,在伤停时间①的前半段齐达内又来第二记,为他的巴西对手带来了极大的震撼,久久无法平复……法国队的堡垒不仅阻挡了巴西队最后的进攻,还在最后一分钟又攻进了一球。"这段话是国际足联(FIFA)在1998 年世界杯冠军赛中对法国队获胜的描述,十足展现出足球迷的崇拜。两年后,被 FIFA 以"高卢勇士"相称的这群人又震惊了全世界,在 WHO 的最佳医疗体系排行中独占鳌头。

英国只卑微地排第 18 名,就一个富裕国家而言,这样的表现并不好。但最富强的美国居然排第 50 名,简直可以说是国耻,如果你相信 WHO 排行的话。虽然 WHO 是个声望崇高的国际组织,它所编辑的许多排行榜却名不副实,但它们往往会受到广泛的报道,尤其是在美国。足球排行榜比医疗排行榜占优势之处,在于大家对它的汇总方式已有共识。赢家得分,输家没分,毋庸赘言(最多就是抱怨一下裁判不公正)。这种排行方法很简单,而且星期六下午电视上会播报比赛结果,让人以为排行榜都像这样:齐达内头锤,球入网得分,结果明确。

不过,到了国际比赛,各国代表队的排行方法就变得比较复杂一些,连 FIFA

---

① 伤停时间(injury time),足球比赛即使在换人或球员受伤时还是会继续计时,为了弥补这些流失的时间,裁判可以决定加时几分钟来延长比赛。——译注

也承认需要一些繁复的判断。国际比赛中,各国代表队的成绩会依据八个因素加权计分,比方说队伍强弱、主场客场、赛事大小等。相较之下,国内排行的简单明了已经不复存在。世界各国的足球排行是各项得分加总后的结果,要考虑种种因素,但每季名单公布之后还是会有人不满意它的正确性。以足球排行为例,便能看出比较的复杂性,即使表面上看起来排行好像很容易。

看到法国在足球与医疗体系的双重胜利,约克大学的斯特里特(Andrew Street)及国王基金会医疗智库的阿普尔比(John Appleby)以开玩笑的心情着手研究,想了解 WHO 的最佳医疗体系排行与 FIFA 的世界足球排行是否有特定关系。结果,他们还真的找到了答案。足球国家代表队表现愈好的国家,医疗也愈好。但这是否表示英格兰队的足球经理要为全英国国民的健康负责? 或是卫生部长应该让医师多鼓励病人踢足球? 当然不是。他们的比较,只是为了显示 WHO 排行的缺陷而故意设计的恶作剧,两者之间的关联纯属虚构。

他们大方承认,自己忽视了任何没有帮助的数据,蓄意调整人口或地理区域,直到获得想要的结果。他们的观点是,任何排行系统,尤其像医疗体系这么复杂的排行,都会有一些判断标准,只要稍微改动一下就会得到不同的结果。WHO 在汇总这个排行时,所考虑的因素包含:平均寿命、婴儿死亡率、丧失自理能力后的存活年数、维护病人尊严的程度、隐私性、病人选择医疗的参与度、系统是否为"顾客导向"、保健支出的产出效能等。大多数人会说,这些因素大部分都很重要,但哪一项最重要? 是否还有其他更重要的项目被遗漏了?

在总分里,每项因素都可以给予不同的权重,而它们大多数是估算的。在这种错综复杂的情况下,只要我们想,就可以随时制造出截然不同的排行。斯特里特和阿普尔比决定测试一下,看看改变标准对排行成绩会有什么影响。WHO 声称,这份排行在不同假设下仍旧相当稳定,而斯特里特和阿普尔比却发现并非如此。以比较吊诡的排行标准——保健支出的产出效能为例,他们参考 1997 年的数据,依据当时使用的模式修改一些小项目来得出排名。结果发现,不同的国家都有可能排到第一名。而且，他们有办法让马耳他从 191 个国家中的第一名变成最后一名，让阿曼从第一名变成第 169 名，让法国从第二名变成第 160 名，让日本从第一名变成第 103 名。然而，原本排在末尾的一些国家，无论如何修改小项目，大致上还是维持在原来名次的附近。

他们得出结论："虽然 WHO 征求了很多'关键数据提供者'的意见，但它用来排行的各项标准及对这些标准给予的权重都非常主观。各项标准的细则变动性十分大，难以客观评估，所以让这套排行方法变得不怎么公允。"一国的医疗体系好不好，有时也跟政策决定有关，不一定完全受到严谨定量分析的影响。美国的医疗体系一反常态，不以民营的方式来运作大部分的医疗系统。他们自知与其他国家相比自己会显得比较落后，但他们这么做是因为他们觉得这样才最好，尽管我们有可能不同意。如果排名因为政策而落后，那么影响排行成绩的便不再是医疗体系的好坏，而是政治价值观。

国际比较的原则：
简单为上

由于各国国情注定不同，很容易让人产生放弃比较的念头，但这样实在太过悲观。每个家庭的子女数、正规教育年数、每户所得，都是人类发展的重要衡量指标，我们可以大致准确地记录多数国家的数据，以便比较并提供有用的信息。这些评量的优点是简单，只统计一件事情，而且定义没有争议，就算数字不完全准确也能够提供一些适当的信息。

与这种方法相反的是所谓的综合指标，如医疗体系排行等。这些指标将许多不同的评量项目绑在一起，包含：医术好坏、等候时间、舒适度、便利性，以及费用等。其中，有些我们所谓的"好"是因为它们符合政治目的。如果有一群民众希望病人有充分的治疗选择权，而另一群民众却认为那根本是浪费时间而懒得选择，在决定哪个医疗体系比较好时，我们要怎么评量？

英德孩童的
数学能力

再举一个例子:孩童学数学,最重要的是要学到什么? 在 2006 年的一项排行中,德国超前英国;但在另一项排行中,英国却超前德国。你原本一定以为,数学分数很容易统计,为什么会有不同的结果? 原因很简单,两项测验考的是不同的数学能力。

我们在本章中不厌其烦地一再指出,要拿同样的事物来做比较。在这个例子里,"数学"的定义很广。英国学生比较擅长数学技巧的实际应用,如应该如何制定一场表演的票价才能回收成本并有机会赚钱;而德国学生则比较擅长传统数学领域,如分数等。采用两套不同的测验,依据不同的标准来评量,你猜会有什么结果? 对于表现比较差的测验(他们忘了表现比较好的那套测验),德国人的反应接近恐慌,并针对这种"国耻"持续进行了好一阵子的自我反省,然后修订了整个数学课程。

美法两国的
经济表现

　　虽然缺乏类似的数据会让比较变得没意义，但仍有许多比较似乎完全缺乏资料，而美法两国的经济表现就是一个例子。说得夸张一点，有些英国人认为：法国这个国家午休时间超长，公权部门权力太大、太懒散，每个农民有一头牛，只要有人胆敢提到竞争就会发生骚乱。而美国则恰好相反，是个超级资本主义国家，人们放弃休假及睡眠，大声咆哮着拼经济。

　　但如果你评估美国的经济增长率，近年来平均大约只比法国高1%，再看仔细一点，你会发现美国的人口增长率也比法国高了1%。所以，并不是美国人工作的成果比较好，只是工作的人数比较多。当我们观察每个工作者每小时的产出时，居然发现法国人的产出要高于美国人，而且几年来都是如此——他们一直处于领先的地位。即使是法国的股票市场，表现都比美国的股票市场好：如果30年前投资1美元放到现在，在美国值36美元，而在法国则值72美元（根据2006年10月的数据）。

　　这些数字都不是最终的结论，都还有更进一步探究的余地，如法国的失业率等。对复杂比较的总结，如果以单一数字带过，很容易就会产生误导。如果我们将整个经济体比喻为构造繁复的生物体，请不要忘记我们在第5章看过的，以单一部位来了解大象的全貌有多么困难。

各国儿童死亡率

　　单一数字往往难以让比较有意义,但在定义很绝对、数据很可靠的情况下则是例外。各国儿童死亡率就是这样的一个例子。没有人会争辩什么是"死亡",各国对"儿童"也都有一致的定义。在某些国家搜集资料会有困难,所以这些国家的数据通常都是近似值。尽管如此,我们还是可以有效地比较各国的儿童死亡率。根据联合国儿童基金会(UNICEF)《2006 年世界儿童现况》(*the State of the World's Children 2006*)的报告,新加坡和冰岛 5 岁以下的儿童死亡率是每 1000 人中有 3 人,而塞拉利昂则是每 1000 人中有 283 人。这样一比,我们有充分的理由感到惊惧。

比较的正确态度

复杂的比较需要小心、谨慎地处理,只要态度正确,还是可以比得很公正。1998 年,艾尔斯伯里监狱给一群囚犯提供综合营养补给品,给另一群囚犯提供安慰剂,除此之外照常饮食,借以比较他们的行为反应。接受综合营养补给品的那群人,行为有明显的改善,研究人员的结论是:营养改善可能是造成两群人行为差异的原因。在奥利弗(Jamie Oliver)①蹿红前几年,这项研究的结果对罪犯的行为有相当程度的意义,但内政部却置之不理,并拒绝解释不进行后续实验的原因。

尽管如此,还是无法磨灭这项比较的意义。研究人员谨慎地选择,使这两群囚犯尽可能类似,让潜在风险降到最低。研究人员选出的囚犯被随机分成两组,而且在结果出炉之前,研究人员或受测对象都不知道谁吃的是综合营养补给品谁吃的是安慰剂,以免影响实验结果。这种方法称为"随机双盲安慰剂对照实验"。因为这项实验在监狱中进行,所以能够严密地控制条件。这项实验最初就明确定义了如何衡量不良行为,而且将囚犯的行为分为不同的严重程度,不是

---

① 英国知名年轻主厨,主持好几个受欢迎的电视烹饪节目。他在 2004 年有感于英国校园午餐的营养不均衡,于是到学校向餐厅厨师及学童传授健康的营养摄取观念,还发起一项全国抗争活动,促使英国政府拨 2.8 亿英镑预算改善学校饮食、训练学校餐厅的厨师,并提升学校餐饮的设备。——译注

只有一个标准。参与实验的人数相当多，总共大约 400 人，所以一两个囚犯的变动不会让整体结果产生误差。最后，两组囚犯的差异相当明显，大到足以断定不可能只是偶然因素所造成。

这就是统计学的精密复杂之处，数字皆以慎重的态度被处理。但矛盾的是，实验必须够复杂，才能让测量尽量简单。研究人员必须找出所有可能改变囚犯行为的因素，并加以分析、排除。唯有严谨的定义与清楚的问题，加上不怕累的精神，才有可能得到卓越的成果。正当监狱人满为患，对付再犯的有效策略受到普遍怀疑（通常是因为无法严谨评量其效果）时，此一便宜、能起改造作用且经过仔细衡量的策略，却仍然被忽视。这不是有点奇怪吗？当然，这项实验的结果还是值得再次确认，但整个程序似乎已经相当可靠了。9 年过去，有关单位并没有对此实验进行后续追踪或复验，以了解当初的结果是否仅是出于偶然。没有说服力的假造的数字充斥于许多比较之中，但这项实验的数字不但非常有启发性，而且获得的经过非常谨慎，却没有人在意。

最后，我们答应过要告诉你英国在国际排名的位置。根据胡德的说法，综合各种较严谨的排行，英国排在 OECD 国家中的后 1/3，也就是 13 名中的第 11 名。不过，看完前文之后，相信你应该对这种权谋、诡谲的比较没有兴趣了，对吧？

第 11 章　相关与因果，
考考你的逻辑

所谓事出必有因，按下遥控器会转台，播种之后会发芽，阳光照耀天气暖，性行为导致生宝宝。人类能够看出两件事之间的关联（动物有时也能），这种能力是很神奇的，而这也是生存的必要条件。但这种能力有时却错得离谱，让大家不分对错地导出因果关系，即使是毫无关联的两件事也能够把它们兜在一起。我们只要看到一件事后面跟着发生另一件事，就很容易会以为前者是后者的原因，每当有相关数据或测量结果可以佐证时更是如此。

用相关性来证明因果关系，是现存最古老、也是最顽固的谬误。最近有聪明的研究人员观察到，体重过大的人活得比瘦子久，所以断定过胖可以延年益寿，是这样吗？咱们等下见分晓。

我们该如何锻炼这项神奇、但偶尔会出纰漏的本能呢？绝不是靠严格约束，因为它可是项神奇的本能，不让它发挥功用我们的损失可大了，只是要防止它运作到一半就停止。不要轻信第一个嫌疑犯所说的话、唾手可得的解释，或是脑袋里最常出现的想法。不要像巴甫洛夫（Pavlov）的狗一样，相信摇铃之后就会有食物，嘴里涌出口水。让这项神奇的本能一直引导你找出真正的因果，对你必有帮助。

相关性 ≠ 因果关系

当你看到一群满脸痘花、头上戴着耳机、音乐声大到 50 步外都听得到的青少年,会如何作想? 震耳的音乐会引发青春痘? 这只是个冷笑话。青春痘的成因很多,而最有可能的元凶是青春期的荷尔蒙和饮食。相关性并不等于因果关系,只因为两件事似乎相伴发生,并不表示其中必定有因有果。这本来不必多说,但我们每天却要提醒大家好几次,一旦弄错了,就是藐视统计学最基本的规则。每当我们看到某个论点,背后基于这种错误,我们简直不能相信有人会因此上当。但犯这种错误实在太过容易。有人不断测量 A 的变化,发现 B 也有变化,就贸然宣布两者之间存在因果关系。

让我们来做个逻辑小测验:

1 气温正在升高,东非高原的疟疾病例愈来愈多,所以全球变暖正在让东非高原的疟疾病例数增多。

2 气温正在升高,有种青蛙逐渐灭绝,所以全球变暖正在促使这种青蛙灭绝。

3 气温正在升高,诺福克郡①的海岸线受到侵蚀,所以全球变暖正在导致诺福克的海岸线受侵蚀。

---

① 英格兰东部的郡,其北部和东部环绕着北海。——译注

你被电视、电台、网络、报纸的故事说服了吗？希望没有,这些消息都是基于错误的观念来导出或暗示事物的因果关系。因为它们看似有理(至少对某些人来说是如此),所以比较容易让人相信。这里提到一个重要问题:"看似有理",它常常鼓励我们省略严格的求证,让我们与生俱来的因果本能太快下结论。听起来有理就一定是对的吗? 当然并非如此。

在上面三道题目中,环保人士观察到事物 A(全球平均气温)的变化,并发现事物 B(海岸线、青蛙数量、疟疾病例数)也有变化,于是就把两者兜在一起,满怀信心地认为二加二等于四。他们拿出所谓可信的证据,但我们宁可称之为典型的逻辑谬误,就算不被嘲笑也足以招来严重的质疑。如同我们所预见的,所有这些主张都已经受到有力的挑战。

在此强调一点,我们并不是要否定气候变迁对地球生物的影响。此外,环保人士有时推论错误,也并不代表气候变迁对环境就没有影响。重大的环保议题有时会让环保人士太过激动,导致人类聪颖的本能暂时停止运作,并推出错误的因果关系,而这种情况屡见不鲜。如果我们主张一种罕见的青蛙因为全球变暖而逐渐消失,听起来没问题,但缺乏实证。如果能够提出一些证据,然后说研究人员相信过去十年来创纪录的高温导致它们的数量减少了 60%,会更有说服力。

五个逻辑推理
小测验

如果可以的话,请先撇开你自己的观念,跟随我们了解本章的重点——如何避免将相关性与因果关系画上等号。无论你站在哪边,都应该学习比"相信"更能看出真相的"了解"。人类这种容易把因果关系与相关性混淆的倾向非常危险。大家一看到下列两种情况:(A) 大家都知道,而且都受到警告;(B) 再三发生,而且令人厌恶,就会很想说是 A 造成了 B。其他还有许多例子,比气候变迁更广为流传,比方说下面这五个例子。

1. 手掌比较大的人,阅读能力比较好,所以我们应该在校园推广手掌伸展运动。

2. 在北欧,大家庭居住的屋顶上较常看到白鹳,所以它们是送子鸟。

3. 患多发性硬化症的人的大脑有病变,所以如果能够阻止脑部病变,就能够阻止这个疾病发生。

4. 出生顺序比较靠后的人,在学校考试的成绩比较差,所以在家排行老几决定了一个人的智力。

5. 念女校的女生表现比男女合校的女生好,所以女生比较适合念女校。

如果我们的头脑能够迅速想出更好的解释,就可以避免轻易将相关性与因果关系画上等号。理想的替代解释能够减缓下结论的速度,激发怀疑的精神。想象力能够让你走得更远,多方搜集资料能够让你知道得更多。下列这几点有助于激发你的想象力:对于我们有兴趣的群体、地点和数字,还有什么解释也说得通?它们有什么其他的共同点?我们还知道什么理由,可以解释自己看到的现象?不断地延伸所有的可能,最后能让这项因果本能发挥它应有的水平。让我们从这几个例子开始,发挥想象力。

问题解答

1. 手掌大小与阅读能力

手掌的大小跟阅读能力成正比,这种说法是真的,不过是因为……年龄愈大,阅读能力就愈好。随着年龄增长,手掌也愈长愈大,两者会有关系主要是因为智能成熟与接受教育。只有手掌变大,不足以导出后面的结果。

2. 白鹳与婴儿

白鹳与婴儿,这题比较难,因为真正的原因比较难猜,而且真的是成员愈多的家庭屋顶上的白鹳就愈多。但真正的因果关系是什么?可能是因为家庭规模扩大,居住的房子也变大,于是屋顶的空间更大……

在这两个例子中,都有真正的原因可以用来解释事情为什么会是这样:第一例是年龄,第二例是房屋大小。这是把相关性当成因果关系的典型错误——两件事同时发生变化,但原因却是第三件事。

3. 脑部病变与多发性硬化症

我们再来看看第三例是怎么一回事。多发性硬化症患者的脑部有病变,疾病越到末期,病变程度越严重。但是不是脑部的病变导致了此症患者残障程度的恶化?看起来好像如此,多年来人们也认为如此。而且当一种能够抑制病变的被称为干扰素-β的新药发明后,大家都强烈期待能够利用这种药物来减轻发作时的严重度,进而降低复发的频率。只有一个办法可以验证这个假设,那就是长期研究病人,观察疾病的进展速度、病灶数目,以及与使用干扰素-β的关系。

结果终于在2005年出炉,但很令人沮丧。接受干扰素-β治疗的病人,虽然脑部病灶数量减少,但其平均结果并不比未接受干扰素-β 治疗的病人好,两群病人的其他症状似乎以同样的速度持续恶化。人们发现,脑部病变只是一种多发性硬化症的症状,而不是原因。研究人员表示,说得难听一点,干扰素-β 就好像在伤口涂上药膏,无法根治病因。

4. 出生顺序与智力

出生顺序与智力的问题也很微妙。没错,平均来说,出生顺序愈晚的人智力测验成绩愈差。老大的成绩真的最好,老二第二,以此类推。当然有例外,但常常如此。有一个可能的解释,那就是家里面的小孩愈多,比较晚出生的小孩能够得到双亲的关注就愈少——老大受到最多关注,老二可能只剩一半,以此类推。这种说法很可信,但真的是这样吗?

让我们再度发挥想象力,沿着出生顺序看下去,还有什么事实也同时成立? 老三或老四,甚至老六或老七,我们可以看出大家庭里有什么显而易见的事实? 我们对人数较多的大家庭,了解些什么? 我们知道,社会地位比较低、比较贫穷的人有时会生比较多的小孩,而贫穷家庭的小孩因为种种限制,表现会比较差。所以出生顺序越排在后面,越可能来自贫穷的家庭。当然,这不是绝对,但能否解释普遍的情况?

虽然证据仍旧不充分,但答案是:"有可能。"不过,如果你观察同一家庭出生的孩子就会发现,他们的成绩表现并无明显固定的形式。而就我们所知,同一家庭最后出生的小孩,其智力测验成绩很可能跟老大一样好。在这个问题里,把相关性与因果关系画上等号,用这种错误的推论导出了家中排行与智力的错误因果。生长在富裕小家庭的孩子与生长在贫穷大家庭的孩子表现本来就可能不同,但这并不适用于单一家庭中的出生顺序。前文最初的说法听起来好像很合理,但大家都相信的事也有可能是错的。

5. 念女校与学业成绩

最后说说念女校与学业表现的问题。的确,念女校的女生学业成绩通常比其他女生好,但这是否能看成因果关系,只要念女校成绩就一定会比较好? 少了男生,到底有什么影响? 我们得再次发挥想象力,想想还有什么事实对念女校的女生是成立的。需要谨记的是,我们得不断寻找原因,不可贸然把最明显的相关性当作事情的主因。

第一个事实是,她们的父母都相当富有,因为女校多数都要自费。而在上一例,我们知道了什么? 比较富裕的家庭,无论原因为何,往往更容易培养出成绩优秀的孩子。第二个事实是,女校比较挑剔,所以常会选择比较有能力的女孩入学。所以,念女校表现比较好并不令人意外。比起其他学生,女校挑选的女孩能力比较好,而且通常来自有钱人家。依这两个事实看起来,即使不考虑女校教育的影响,我们也有充分理由相信,她们的表现应该会比较好。

在此提供一个想法,给需要解决这个问题的统计人员参考。统计时,必须过滤掉学生家庭的社会背景和经济条件,以及学校依能力挑选学生的影响,才能够真正判断性别对学业成绩的影响。如果可以做到这种程度,你就会发现,以统计学的观点来说,其实没有太大差异。

气候变迁的影响

接下来,我们回过头来讨论本章一开始的敏感话题:气候变迁。

东非疟疾的流行

首先,是东非高原的疟疾。大家都知道高原的疟疾会受到低温阻挠,抑制蚊子体内疟原虫的生长。德爱基金会①是提出病例数以证明气候变迁是东非疟疾肆虐主因的几个慈善机构之一。有传闻说,那些来自高原且没有自己土地的穷人,是因为遭受蚊虫叮咬得到疟疾无法在田里工作才失去土地,还被迫以劳力抵债。

但当研究人员仔细检视记录时发现,并没有证据支持这种说法。其中一位牛津大学的动物学家海(David Hay)博士表示,该特定地区的气候记录与全球平均情况正好相反。他说:"气候并未改变,因此不该为疟疾的流行负责。"他的同事、生态学教授罗杰斯(David Rogers)指出,有些团体接受平均气温没有变动的说法,但认为气候的确有上下波动变化。这是个聪明的论点,如同我们在第4章看到的,平均值能够抵消许多波动。所以,他们进行了检验,但还是没有发现明显的变化。

---

① 一个以救援和发展为宗旨的设在英国的非政府组织,1968 年成立。——译注

研究人员判断,在这种情况下,疟疾病例数增加,比较可能的解释应该是抗药性增加。在这个实例中,虽然当地记录显示气候变迁与疟疾病例增加之间根本没有相关性,但人们却认为"全球"气候与"当地"疾病之间有关系。人类学家道格拉斯(Mary Douglas)写过:人们总是惯于利用自然灾害来谴责他们不喜欢的事。但两件贴着"坏东西"标签的事物,其背后松散的联系并不代表一者为因、一者为果。

南美洲的金蟾蜍

气候变迁主要的受害者之一,是南美洲的金蟾蜍。这是一种雄性个体全身呈金黄色的小蟾蜍,自 1989 年以后就再也没有被发现过。有位环保人士说:"金蟾蜍可能只活在我们的记忆中。"哥斯达黎加金蟾蜍保育实验室的庞兹(J. Alan Pounds)承认,金蟾蜍早已深受壶菌病侵害,不过他还是主张:"疾病是子弹,气候变迁才是枪。"事实上,这种菌类不需要高温,在 4—23 ℃ 的任何气温都可以致蟾蜍于死地。但庞兹并不相信这种说法,他说:"如果情况不是如此明显的话,我们不会提出这个假说。"多数科学家相信,气候变迁很可能会使许多物种消失,但在这个例子里,是否已经造成这种效应还不能确定。

全球海岸线受侵蚀

气候变迁已经确定会导致海平面上升,而上升的海平面可能会导致海岸线受侵蚀。有几家电视新闻报道了这个消息,并给出一些崖边房屋摇摇欲坠的镜头。有人想要观察海岸线受侵蚀程度,借此谴责气候变迁。而环保团体"地球之友"就比较小心翼翼。虽然他们很关心未来气候变迁对海岸会造成什么影响,但还是指出最近 400 年来,东英格兰部分海岸线受侵蚀速度大约是每年一米。

他们表示:"几个世纪的侵蚀是一种自然过程,陆地移动造成了海平面上升。然而,近几年来,某些海岸点的受侵蚀速度已经明显加快。虽然原因还不明朗,但除了自然过程及海平面上升外,有人认为海堤或消波块之类的防御工事也有一定程度的影响。讽刺的是,我们试图抵抗海平面上升的活动,却加速了海岸线受侵蚀。"由相关性了解气候因果极为困难。虽然未来气候变迁有可能会严重侵蚀海岸线,但现在却难以判断目前到底是否已经造成了影响。事实上,20世纪前半叶的海平面上升速度远比20世纪后半叶快。

下结论前要三思

当花边新闻式的证据刚好符合我们的胃口时,我们就会有轻信的冲动,即使那是没有经过证实的事。这种简化的反应迎合了人的惰性。不需要动太多脑筋,抓最近的嫌疑犯最省时间,要不就是众所周知的坏蛋也可以。就算费尽心思,也还是会出错,如干扰素-β 等。在新药的医学测试阶段,人们习惯上会记录被测试者的每一种反应,然后说是药物的可能作用,也就是"副作用",如有人会头痛或流鼻涕。"副作用"会被打印在药物的包装上警告用药者,但现在这些副作用被改称为"不良反应",更被明确指出不一定和用药有关。

不眠不休地追求真相是一种有建设性的习惯,也是避免受骗的保障。虽然相关性不能证明因果关系,却常常是很好的暗示,只不过是暗示你去提出问题,而不是去将就简单的答案。我们必须提出警告,你时不时会想把统计上发现的相关性与事物的因果关系画上等号,但你得运用大脑思考,不要轻信直觉反应所得到的答案。

最后,本章引文中提到的胖子与长寿,到底有什么相关性?美国的统计数据的确显示,体重过大者活得比瘦子久一点。那么,是什么第三因素,造成了变胖与长寿这种不可靠的联系?答案是疾病,病入膏肓的人往往会变得骨瘦如柴。好好考虑这些人的命运就会得出不同的结论,而最初参与研究的学者承认,他们当初没考虑到这点。这是一个统计学上的错误吗?没错,但更是想象力与人为的错误。我们都会犯错,但在犯错之前我们都有能力察觉,只要仔细地想一想。

致　谢

　　撰写这本书的想法得从好几年前一场比萨聚会开始讲起。一开始只是跟几个朋友随口闲聊,应该开个谈论数字观念的广播节目。结果几年之后,由于少数朋友的鼓励和想象力,《或多或少》节目终于在第四电台找到舞台。节目开播之后,听众们反应热烈,节目收听率节节上升。我们除了获得近百万忠实且愉快参与的听众,还建立了一个专属网站,其他类似节目也纷纷出笼,最后吸引了出版社的注意,才促成本书的出版。

　　第四电台主管博登(Helen Boaden)独具慧眼,率先大胆采纳我们的节目企划案;敏锐的节目编辑梅里克(Nicola Meyrick)负责初期的节目制作。后来,达马萨(Mark Damazer)接替博登成为《或多或少》节目的主要拉拉队长,令我们十分开心。这些都是我们要深深感谢的人。

　　我们很幸运能邀请到一些能干的记者到节目中畅所欲言,为大家带来活力与微笑。本书内容列举的案例,有些就是他们的贡献。我们要感谢格兰维尔(Jo Glanville)、拉斐尔(Anna Raphael)、克赖顿(Ben Crighton)、罗瑟(Adam Rosser)、哈斯勒(Ingrid Hassler)、麦卡利斯特(Sam McAlister)、奥贡拉比(Mayo Ogunlabi)、弗兰克(Jim Frank)、亚历山大(Ruth Alexander)、奥基夫(Paul O'Keeffe)、瓦东(Richard Vadon)、沃森(Zillah Watson)，感谢我们的新闻广告员杰弗斯(Bernie Jeffers)与伍兹(Pecia Woods)，尤其要感谢鲍恩(Innes Bowen)，他那无尽的智慧是无价的。许多在时事电台与第四电台的其他工作人员，包括录音室经理、网络与组件支持人员，他们提供的创造力与专业协助使我们能专心思索节目内容。也要感谢威廉斯(Gwyn Williams)、卡斯帕里(Andrew Caspari)、利维森(Hugh Levison)和许多同行及好心的评论家，还有数以百计的来信者，以及成千上万听过我们节目的听众，没有你们，就没有今天的我们。

打从节目开播以来，已经有好几百位受访者以及其他直接对节目有贡献的人启发了本书的灵感。他们个个聪明且热心助人，只针对一两位致谢实在有欠公平。我们要特别感谢麦康威(Kevin McConway)的全力协助、评论及指教，他是最谨慎与宽大的批评家，还有乔伊斯(Helen Joyce)、伊斯特威(Rob Eastaway)、托马斯(Rachel Thomas)、贝文(Gwyn Bevan)、汉布林(Richard Hamblin)与巴顿的帮助。

Profile Books 出版社的富兰克林(Andrew Franklin)永远懂得用尖锐的问题来挑战我们，还有多才多艺的鲁思(Ruth)、潘妮(Penny)、特雷弗(Trevor)等人，使出版变得既好玩又有人情味。

最后，感谢凯瑟琳(Catherine)、凯蒂(Katey)、凯特(Cait)、罗西(Rosie)和茱莉亚(Julia)的爱、体谅、支持，最重要的是，你们一直在我们身旁。

我们已经尽力避免错误，但也深知犯错难免，期望读者发现时能来函指正。谢谢。

The Tiger That Isn't:

Seeing Through a World of Numbers

By

Michael Blastland and Andrew Dilnot